**IF THE FUTURE
CAN
BE EDITED**

如果未来可以被编辑

——关于基因编辑的技术、哲学和艺术悖论
The Paradoxes of Gene Editing in Technology, Philosophy, and Art

IF THE FUTURE
CAN
BE EDITED

北京大学博古睿研究中心/编

图书在版编目 (CIP) 数据

如果未来可以被编辑：关于基因编辑的技术、哲学和艺术悖论 / 北京大学博古睿研究中心编 . -- 北京：北京大学出版社，2025.8.
ISBN 978-7-301-35836-8

Ⅰ. Q78

中国国家版本馆 CIP 数据核字第 2025CL9517 号

书　　　名	如果未来可以被编辑——关于基因编辑的技术、哲学和艺术悖论 RUGUO WEILAI KEYI BEI BIANJI——GUANYU JIYIN BIANJI DE JISHU、ZHEXUE HE YISHU BEILUN
著作责任者	北京大学博古睿研究中心　编
责 任 编 辑	方尔琦
标 准 书 号	ISBN 978-7-301-35836-8
出 版 发 行	北京大学出版社
地　　　址	北京市海淀区成府路 205 号 100871
网　　　址	http://www.pup.cn　http://www.yandayuanzhao.com
电 子 邮 箱	编辑部 yandayuanzhao@pup.cn　总编室 zpup@pup.cn
新 浪 微 博	@北京大学出版社　@北大出版社燕大元照法律图书
电　　　话	邮购部 010-62752015　发行部 010-62750672 编辑部 010-62117788
印 刷 者	北京中科印刷有限公司
经 销 者	新华书店
	880 毫米 ×1230 毫米　A5　6.25 印张　149 千字 2025 年 8 月第 1 版　2025 年 8 月第 1 次印刷
定　　　价	59.00 元

未经许可，不得以任何方式复制或抄袭本书之部分或全部内容。
版权所有，侵权必究
举报电话：010-62752024　电子邮箱：fd@pup.cn
图书如有印装质量问题，请与出版部联系，电话：010-62756370

前　言
Foreword

以人工智能、生物技术、太空技术为代表的前沿技术不断发展，而随着宗教的日益世俗化，技术对人类整体的影响日益重要并趋于本质。CRISPR/Cas9 基因编辑技术，则是二十一世纪诸多呼啸而至的前沿技术的代表——从 2012 年出现，到 2020 年其研究者获得诺贝尔化学奖，短短八年就完成了从前的技术需要数十年甚至数百年的"进化"过程。与技术出现的短时爆发相反，其影响力却绝非昙花一现，反而发挥越来越重要的作用，例如在医疗领域为遗传性疾病患者提供生存的希望，在农业领域提供更为快速高效的改良技术，同时也为丰富生物多样性、环境治理等重点领域提供更为深入的支持。技术的狂飙突进，使得其他领域略显尴尬，政策制定、技术、哲学、社会管理等往往来不及升级应对，而文学、艺术等领域即使能够有所回应，也显得形单影只——这预示着一种新的模式，即针对技术的迅速进化和对全人类所产生的影响，警惕是非常必要的，但诸多领域或许更应该与之充分交流并提供策略建议，而非在一知半解的情况下持单一的批判态度。

从这个角度出发，北京大学博古睿研究中心与中央美术学院于 2019 年 11 月共同组织的、围绕基因编辑技术的系列项目，依

图一
"基因编辑工作坊"海报

然具有前瞻性的视角。适逢国际著名生物艺术家玛尔塔·德·梅内泽斯（Marta de Menezes）受邀来中国，与北京大学未来技术学院教授汪阳明合作，于2019年11月11日至14日，在北京大学和中央美术学院共同举办关于基因编辑与艺术实践相关的工作坊，带领新一代的创作者深度了解基因编辑技术，了解新技术对艺术的影响，及其给伦理与艺术带来的话题与挑战。

图二
"基因编辑工作坊"现场

在此基础上,本项目继续邀请更多的学者、创作者共同进行后期讨论,在中央美术学院举办了论坛"可编辑的未来——基因编辑的技术·哲学·法律·艺术维度",就基因编辑技术给疾病治疗、社会、法律规制等带来的挑战,对艺术创作产生的启发,进行了深入的探讨。于是出现了这个年轻而专业的阵容:在自然科学领域,我们邀请到两位基因编辑领域的科学家——汪阳明老师和王皓毅老师,他们身处技术的最

图三
"可编辑的未来——基因编辑的技术·哲学·法律·艺术维度"论坛海报

图四
"可编辑的未来——基因编辑的技术·哲学·法律·艺术维度"论坛现场

图五
可编辑的未来——基因编辑的技术·哲学·法律和艺术维度"论坛
左起依次为玛尔塔·德·梅内泽斯、汪阳明、魏颖、王皓毅、高璐、彭耀进

前沿领域,并参与了基因编辑科学共同体对于技术在全球的推进和普及工作;在社会科学方面,有中国科学院的高璐老师和彭耀进老师参与,虽然生物技术与法律同社会治理的结合在国内尚属新方向,但两位学者已在各自领域深耕多年;在艺术领域,本项目的策划人也是编者之一的魏颖老师从艺术史和策展实践的角度,针对生物媒介和艺术结合的前卫历史进行了系统阐释;受邀在中央美术学院和北京大学举办艺术工作坊的著名的葡萄牙生物艺术家玛尔塔·德·梅内泽斯,也欣然加入讨论。

在成书之际,我们又非常荣幸地邀请到两位博古睿学者——

吴天岳老师和陆俏颖老师,吴天岳老师在中世纪哲学领域颇有名望,提供了来自人类尊严的讨论;陆俏颖老师则是生物学哲学的专业青年学者。在本书编纂期间,八位作者有诸多沟通讨论。感谢中央美术学院慷慨提供场地和艺术支持,以及北京大学博古睿研究中心富有远见的项目策划、管理支持。

"基因""基因编辑技术""基因疾病",来自科学家的诠释与担忧

在本书开篇的《基因编辑:逆天改命的法宝,还是万劫不复的深渊?》一文中,基因编辑技术一线研究者、北京大学未来技术学院教授汪阳明清晰、幽默地介绍了基因编辑技术的原理与发展历史。文中提出,尽管早在 1909 年"基因"的概念就已经由丹麦遗传学家威廉·约翰森提出,但是在很长一段时间内,科学界就 DNA 和蛋白质谁是遗传物质有很多争论。埃弗里等微生物学家于二十世纪中期做了一系列实验之后确认 DNA 为主要遗传物质,并逐步厘清了 DNA 工作的原理,从而给出了基因的定义,即"控制生物性状的基本遗传单位"。

在揭示如"从蛋白质编码基因的角度来看……人和香蕉的基因相似度也高达 50%"这些有趣的现象之后,汪教授讲到人与人之间的基因差异的来源,进而从基因突变的角度解释了一些人类疾病的来源。从治疗疾病的角度出发,在技术原理上如何实现特定 DNA 位点的切割,可以"简单地"分为两个问题:如何定位到特定的 DNA 位点,以及如何实现切割。但是从 ZFN 到 TALEN,直到最近的 CRISPR/Cas9 技术的发展过程来看,科学家用了十多

年时间终于找到了相对容易掌握的基因编辑技术。

但是他提醒,因为我们对基因的工作原理、功能并没有完全掌握,"贸然改变一些基因是带有风险的"。而伴随技术的进一步发展,就例如"要不要用基因编辑对人类自身进行改造"等重要问题,并不会有一个固定答案,需要在一定的规范前提下进行公开讨论,并且,相关实验和流程也应该透明,本着负责任的态度进行渐进而缓慢的尝试。

中国科学院研究员王皓毅带我们直击基因与疾病的关系,与基因编辑作为治疗疾病方法的工作原理。想象一下,通过精准修改DNA,那些曾经被视为不治之症的遗传疾病,如今有了治愈的希望,这看起来是很美好的前景。

但是王皓毅开篇就严格区分了"不可遗传的人类基因编辑"(对体细胞进行编辑)与"可遗传的人类基因编辑"(对配子细胞进行编辑)两种情况。通过详细介绍两种基因编辑的技术原理及其可能对个人、人类种群造成的影响,王皓毅提到,"总体来说,通过体细胞基因编辑进行疾病治疗是非常有前景的新型治疗方式",相应的伦理风险较小,但因为"人类有大量的疾病是单个基因或多个基因突变导致的,而几乎所有的疾病都是基因和环境相互作用所引起的",所以,即使我们现有技术可以将导致疾病的突变基因修复回正常的基因序列,在治疗技术的开发中仍面临诸多技术挑战。

而"任何以生殖为目的的人类可遗传基因编辑在当前都是应该被禁止的",因为技术"还远远没有达到可以在人类生殖系统中应用的水平",考虑到对早期胚胎进行编辑可以将被编辑后的基因遗传给后代的配子细胞,从而在代际上改变人类基因,即使未来技术达到了可以安全进行的水准,依然要从社会公平等伦理底线出发直面更深刻影响人类和整个生态系统的一些问题:我们是否有权改变人类的基因蓝图？如果基因编辑能够让某些人具备特殊的优势,是否会加剧社会的不平等？在这个充满未知的新领域,科学家、伦理学家、法律专家以及公众需要齐心协力,探讨这项技术的界限和责任。

"尊严""基因本质主义",伦理风险与挑战

在文章《可编辑的未来和不可触碰的底线》中,北京大学哲学系教授吴天岳探讨了基因编辑技术对个体尊严的深刻挑战,并从后果主义和义务论的角度揭示了技术应用中的伦理复杂性。

吴天岳通过聋哑群体的例子,阐明了基因编辑的伦理两难。对于大多数人来说,基因编辑可以帮助消除遗传性耳聋这一"缺陷",提升生活质量,这符合后果主义的基本观点,即通过减少痛苦来实现最大多数人的最大幸福。然而,聋哑群体的一部分人认为耳聋不仅是生理上的缺陷,它还是文化身份的一部分,基因编辑可能导致使用手语的人数急剧下降,既有聋哑人群被边缘化,甚至受到歧视。我们看到,单纯从结果论出发忽视了对少数群体的尊重与理解。

他指出,在现实复杂的道德实践中,重要的是通过这两种理论去展示那些我们在日常道德实践中所奉行的基本法则。后果主义要求我们权衡技术的好处和代价,确保科技的应用能够带来更多福祉。而义务论则提醒我们,必须尊重每个人的自我认同和

选择,这是不可妥协的道德义务。在基因编辑的讨论中,两种道德立场不可偏废:我们既要考虑技术可能带来的社会与医疗效益,也要确保技术不会侵犯个体的自主权和尊严。

吴天岳强调,伦理讨论需要平衡科技进步的潜在后果与对个体权利的尊重,基因编辑技术的发展应当在追求福祉的同时,始终保持对个体尊严和自由选择的深刻敬畏。

"生命有其本质吗?如果有,那是基因吗?"在《基因编辑改写了生命的本质吗?》一文中,北京大学哲学系助理教授陆俏颖通过探讨这些哲学问题,挑战了我们对生命和基因的传统认知。传统的基因本质主义者认为,基因是决定生命个体性状的根本要素,而基因编辑技术的出现似乎带来了对生命本质的改变,必然导致严重后果。此文追溯了基因概念的历史——从孟德尔的遗传理论到 DNA 双螺旋结构的发现,再到当代的基因编辑技术,展示了生物学研究的进程如何塑造了我们对基因的理解。

陆俏颖进一步揭示了一种对基因本质主义的挑战:通过分析现代生物学的发展,特别是发育系统论和表观遗传学等领域的发现,指出基因并非唯一决定个体可遗传性状的因素,发育过程中的环境影响等同样至关重要。这意味着,生命似乎并没有一个固定不变的"本质"。

最重要的是,对基因编辑技术的伦理风险过度恐惧可能会放大潜在的未知风险。比如,基因编辑的后果并非不可逆转,科学家可以通过后天干预来修复潜在问题。类似的,表观遗传的存在使基因遗传和非基因遗传的界限越来越模糊,因此,基因并不是唯一主导生命发展的因素。现有技术也远没有达到可以通过基因编辑创造"超级人类"的水平。此外,作者还指出,"自然的"不一定就是好的,人工编辑基因可以为那些遗传不利的人带来更好的机会。作者呼吁我们冷静、全面地看待技术的潜力与局限,避免过度恐惧的束缚。

建立适合时代发展的技术治理框架

近年来,有科技从业者利用基因编辑技术对人类胚胎基因组进行编辑,引发了强烈争议与讨论。在《从阿西洛马会议到华盛顿峰会》一文中,中国科学院自然科学史研究所副研究员高璐回顾了新兴生物技术相关监管制度与治理模式形成的历史,以回答"当下依赖的技术监管体系的合法性如何获得"这一问题。

1972 年,重组 DNA 技术诞生,科学家群体面对这一技术带来的风险与生物安全难题,选择暂停研究,于 1975 年召开阿西洛马会议并发布了相关指导文件。这次会议之所以被载入史册,是因为它不仅确立了科学家自我规制与预警模式,同时也直接推动了以美国为首的西方国家对新兴生物技术的监管和治理。

反观美国的风险管理模式,专家将生物技术风险定位在能够脱离政治与伦理争论的"DNA 分子"层面,其对风险的认知是"线性"的,对风险的管理落实在其最终的"产品"之上,这一理念推动了新兴生物技术的加速发展和大规模商业化。但是,这一模式必然无法适应新兴技术带来的社会与伦理挑战。转基因作物引发的社会争议与基因编辑技术带来的监管难题,都印证了这一判断。2015 年的华盛顿峰会的目标是确保人类基因组编辑与伦理、社会公平发展和社会责任相互平衡,但是若我们的治理范式套用阿西洛马模式——"专家预警"与"政府监管",将技术管理权下放到各国是很难完成科技向善的根本目标的。

新兴技术治理的本质是政治、社会与文化之间的彼此制约与共同发展。过往的例子也能够证明,当下所需要的并非单纯的强化监管,而是在结合历史事件背景和全面反思科技体系的基础上重构科技与社会关系的新模式,从而更好地将技术进步转化为惠及全社会的福祉,建构一个面向未来、适应中国以及全球技术发展的治理体系。

在《中西文化差异下的生命科技立法及我国基因编辑规制》一文中,加拿大麦吉尔大学博士宋凌巧和中国科学院动物研究所副研究员彭耀进尝试厘清、比较中西方在生命科技立法及基因编辑规制方面的异同。

生命科技立法的核心目的是协调生命科技、自然、社会与人类之间的关系,确保生命科技的发展朝着有利于人类福祉的方向推进。近年来,随着前沿技术的快速发展,我国的生命科技立法呈现出蓬勃、多元且体系逐步完善的趋势。例如,《生物安全法》进行了系统性、综合性的规定,《刑法》也针对生命科技领域进行了相应的调整。同样的,美国、德国、法国和以色列等国家也采取了自上而下的立法模式来规制包括基因编辑等在内的新兴生命科技。

由于生命科技立法以人类个体、人与人之间的关系以及人与社会的互动为核心关切,立法内容往往与传统文化中的身体观、道德观紧密相连。这种文化背景引致我国与西方国家在相关法律法规上有所差异。例如,受儒家文化中"身体发肤,受之父母"

的观念及我国特殊历史背景的影响,我国在法律法规中常见"亲属知情同意"的规定。而西方国家则更多基于个人主义理念,强调个人的知情同意权。基因编辑作为一项极具前沿性的技术,其在人体的应用不仅需要伦理和哲学层面的深入讨论,更急需相关法律法规的完善。由于历史和文化上的差异,世界各国尚未就基因编辑形成统一的监管框架。目前,我国的相关规定多以部门规章或规范性文件为主,法律位阶较低,效力有限,体系仍在不断完善之中。这反映出我国在该领域的法律建设尚处于过渡阶段,有待进一步提升和健全。

生物艺术与基因编辑:关于"自然""身份"的反思

接着,我们返回到对基因编辑技术更加前瞻未来、充满想象的艺术讨论。

策展人魏颖在《激进的基因和隐藏的自然》一文中深入阐释了生物技术,特别是基因编辑技术在艺术领域的应用与引发的思考。以爱德华多·卡茨创作的"转基因三部曲"和希瑟·杜威—哈格博格的《陌生人印象》等作品为例,展现出艺术家通过基因相关的生物技术,不仅在物质层面改变了作品中的"生物体",也在思想层面提出了关于自然、生命和伦理的深层问题。以魏颖策划的于2019年在北京现代汽车文化中心举办的"准自然——生物艺术,边界与实验室"展览为例,文章提出"生物艺术"作为一种新兴的艺术形式,不仅推动了艺术与科学的交融,也提出了关于生命本质的哲学问题。参展艺术家在多元文化背景下,探讨了人与自然、人与自我、人与其他物种的关系,以及在生物技术发展中重新审视自然的方式。生物艺术的发展,从早期的普罗米修斯式探索,逐渐转向了更为多元和反思性的创作路径,涉及生命伦理、身份政治和基因隐私等复杂议题。而回到故事的另一面,如《无受害者的皮革》等作品,以及作品中出现的"半活体"概念带来的观念、伦理挑战,提醒我们在技术发展中建立伦理标准、合理规则和制度的重要性。

生物艺术已经成功吸引了全球主流艺术机构的注意和支持,相信未来艺术家将在创作中融入更加多元的文化视角和哲学思考。

著名生物艺术家玛尔塔·德·梅内泽斯与科学家路易斯·格拉卡在《艺术与基因编辑》一文中,通过分析其联合创作的生物技术相关的艺术作品,讨论了"身份"在艺术和科学中的重要性,特别是基因编辑如何为理解自我和身份提供新的机会。他们1998年创作的作品《自然?》是艺术家在质疑自然与人工的界限时所创作的早期作品,而二十年后的作品《真正的自然》则展示了基因编辑在艺术中的应用,并探讨了这种技术如何挑战我们对自然和人工的传统认知。二者虽然都与对自然概念的探索相关,但它们在提出"什么是自然"的问题时,却立足于截然不同的视角。2016年的作品《两者的永生》又探讨了一个新议题,即人类对永生的追求及其带来的伦理和哲学问题。作者分析了永生的概念及其对个体和社会的潜在影响,同时反思了通过科技实现永生的愿望可能带来的后果。作品《抗玛尔塔》则以皮肤移植带来的免疫系统的反应,探讨了"什么是自我"这一话题。这些作品通过基因编辑来逆转进化,提出了关于生命、物种和身份的哲学问题,同时探讨了人工干预对自然进化的影响。艺术家认为,"进化永无休止。我们眼中的前沿技术将会证明,进化的利刃在逐渐钝化"。还有超乎想象的新技术将会出现,我们的身份也会改变。因此,我们应该随时对我们的身份进行评估。无论作为艺术家还是科学家,都是如此。

有关基因编辑技术的思考,是北京大学博古睿研究中心"前沿科技与哲学"研究话题下一个重要的课题。诚然,从本书的项目开始以来,我们对该话题的讨论依然没有更加深刻的突破。我们希望通过本书的出版,把该话题重新带回学界、产业界、思想圈、艺术圈以及大众的讨论中,也期待有更多有识之士与我们取得联系,激发我们对这一重要话题的深度探讨。

魏　颖

研究者、策展人

李潇娇

博古睿研究院中国中心首席运营官

目 录
Contents

- **基因编辑：逆天改命的法宝，还是万劫不复的深渊？**
  ——基因编辑技术的原理和历史

  汪阳明　001

- **人类基因编辑：可遗传与不可遗传**
  ——科学与技术层面的问题讨论

  王皓毅　025

- **可编辑的未来和不可触碰的底线**
  ——什么是人类基因组编辑的真正伦理风险？

  吴天岳　045

- **基因编辑改写了生命的本质吗？**
  ——从基因本质主义看基因编辑

  陆俏颖　071

- 从阿西洛马会议到华盛顿峰会
    ——基因编辑治理的历史与未来

    高　璐　091

- 中西文化差异下的生命科技立法及我国基因编辑规制

    宋凌巧　彭耀进　113

- 激进的基因和隐藏的自然
    ——生物艺术的前世今生

    魏　颖　133

- 艺术与基因编辑
    ——从艺术创作者的角度出发
    〔葡〕玛尔塔·德·梅内泽斯(Marta de Menezes)
    〔葡〕路易斯·格拉卡(Luís Graça)　159

基因编辑：逆天改命的法宝，还是万劫不复的深渊？

——基因编辑技术的原理和历史

汪阳明

汪阳明

汪阳明，北京大学未来技术学院教授，分子医学研究所所长，2019—2020年博古睿学者。2000年本科毕业于北京大学生物技术系，2006年获美国伊利诺伊大学香槟分校（UI Urbana-Champaign）生物化学专业博士学位。2006—2010年在加州大学旧金山分校（UC San Francisco）从事博士后研究。他利用分子生物学、细胞生物学以及动物模型来研究非编码核糖核酸等重要调控分子在干细胞中的功能及作用机制，并致力于分子与细胞工程等相关的生物技术的开发。

中国有句古话：龙生龙，凤生凤，老鼠的儿子会打洞。一种生物长成什么样、食草或是吃土、擅长在陆上奔跑或是在天上翱翔，几乎一切都已写在祖宗传下来的 DNA 中。人类从认识到这一点开始，便有了改变 DNA 的幻想。二十一世纪的第二个十年，随着基因编辑技术的成熟，幻想终于成为现实。DNA 是什么？我们为什么如此痴迷于改变它？手握基因编辑这一利器，为善还是为恶？我们将做什么？

生物体的大部分性状由 DNA 决定，而人类的许多遗传疾病由基因突变导致。无论是研究基因的功能，还是治疗基因突变所导致的疾病，基因编辑技术均具有巨大的潜力。基因编辑技术在改良经济作物与动物、改造生态圈甚至改变人类自身方面都展现出前所未有的潜力。然而，由于基因功能的复杂性、目前基因编辑技术固有的缺陷以及生物改造对生态圈和社会影响的不可预期性，人类美好的愿望并不能立即实现，或许也不应该立即去实现。

一、什么是基因和 DNA？

花开的时节，你是否曾流连于花圃，赞叹各色千娇百艳？收获的季节，你是否曾忘返于果园，贪恋各类奇珍异果？非洲大草原上,体型各异的走兽竞相追逐;热带雨林之中,形态不一的飞鸟翩翩起舞。有时候,你可能会想:为什么CBA的篮球运动员这么魁梧,电影中的明星们那么漂亮?造成这些生物性状差异的本源究竟是什么? 你没有猜错,这个本源正是大家经常听到的那个词——基因。基因的英文拼写为"gene",德语和丹麦语拼写为"gen"。该词于1909年由丹麦遗传学家威廉·约翰森(Wilhelm Johannsen, 1857—1927)首次提出,用于描述控制生物性状的基本遗传单位。

在基因这个名词被提出时,人们还并不知道基因究竟是什么。但在当时,奥地利生物学家格雷戈尔·孟德尔(Gregor J. Mendell, 1822—1884)三十多年前的豌豆实验报告已经被重新发现(见图一)。对于理解了这些实验结果的人而言,基因的存在已经毫无疑问,并且孟德尔还总结出了基因在生物繁殖时分离和自由组合的规律。基因这一名词被提出不久之后,美国生物学家托马斯·摩尔根(Thomas H. Morgan, 1866—1945)和他的弟子们通过果蝇实验证明基因位于染色体上。染色体是一种DNA和蛋白质纠缠的复合物,基因呈一定的顺序排列其中。摩尔根等人不仅验证了孟德尔豌豆实验的结果,还发现了基因连锁与互换的新规律。正是因为这些贡献,摩尔根获得了1933年的诺贝尔生理学或医学奖。但至此,科学界仍然不敢确定什么是遗传物质,很长一段时间内,他们就该问题一直在蛋白质和DNA之间争论,且大多数科学家更倾向于蛋白质,这仅仅是因为他们认为蛋白质能够比DNA编码更复杂的信息。即使到了1944年,当美国微生物学家奥斯瓦尔德·艾弗里(Oswald T. Avery, 1877—1955)通过肺炎双球菌转化的实验首次佐证了 DNA 为主要遗传物质之时,由于历史的原因,仍然有很多科学家怀疑 DNA 作为遗传物质的可能性。又过了大约八年时间,微生物学家艾尔弗雷德·赫尔希(Alfred Hershey, 1908—1997)和玛莎·蔡斯(Martha Chase, 1930—2003)利用侵袭细菌的病毒,或者叫噬菌体,做了一系列的蛋白质和 DNA 标记后再转染的实验之后,DNA 作为主要遗传物质的事实才被科学界广泛接受。这一年,距离弗里德里希·米歇尔(Friedrich Miescher, 1844—1895)从手术绷带的脓液中分离出 DNA 的 1869 年已经过去了八十多年。

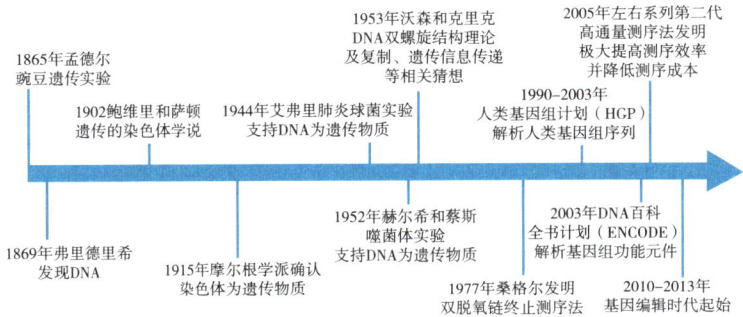

图一　DNA 及遗传物质相关科学研究大事记

那么 DNA 究竟是什么呢？其英文全称为 Deoxyribonucleic Acid,中文译作脱氧核糖核酸。它由一长串的 4 个重复单位组成,即腺嘌呤脱氧核糖核苷酸、鸟嘌呤脱氧核糖核苷酸、胞嘧啶脱氧核糖核苷酸和胸腺嘧啶脱氧核糖核苷酸,分别对应于字母 A,G,C,T。这些重复单位通过化学键连接在一起,按顺序排成种种序列，比如 CACGCTCCTCCTTATAACGAATGGTATGAGGCTAGG 或者 ACCCACGCTAACAAGAGC（下文会揭示为什么选择这两个序列出示）。一个物种的所有 DNA 序列统称为它的基因组。人类的基因组中约有 31.6 亿对这样的字母（也称为碱基对），把这些字母按顺序密密麻麻地排下去，装印成书本，有 100 多万页，而一本《西游记》大约有 500 页。如果让人去读这样一本书，毫无疑问会倍感单调乏味。然而，真正神奇的是，这一串串单调乏味的字符正是构成多姿多彩的生命的本质。

这样神奇的事情得以发生，是因为这些 DNA 字母将被分区转录成另一种形式的聚合物，叫作 RNA，英文全称为 Ribonucleic Acid，DNA 上的 A，G，C，T 将分别被转录生成 A，G，C，U，它们同样通过化学键连接在一起（图二）。细胞中常年转录出数万至数十万种 RNA 分子，其中的一些将被翻译成蛋白质。蛋白质是由 20 种氨基酸残基按不同的顺序排列而成的多肽，尽管单调，但已经比 DNA 或者 RNA 的四个字母要丰富得多了，这也正是二十世纪上半叶大多数人倾向于认为蛋白质是遗传物质的主要原因之一。蛋白质中的每一个氨基酸残基，都会对应 DNA 或者 RNA 上的三个字母，比如上面的两串字符翻译成蛋白质中氨基酸的序列便是"HAPPYNEWYEAR"和"THANKS"。

可以看到，不同的 DNA 序列组合可以翻译出各式各样的蛋白质序列。蛋白质是细胞中执行功能的主要物质，包括基本的营养代谢、细胞的增殖和迁移以及 DNA 转录成为 RNA 的过程。人类基因组可编码出大约 2 万种蛋白质，并且，大多数蛋白质还有很多序列非常相近的异构体，因此人体内可能有几十万种不同的蛋白质。

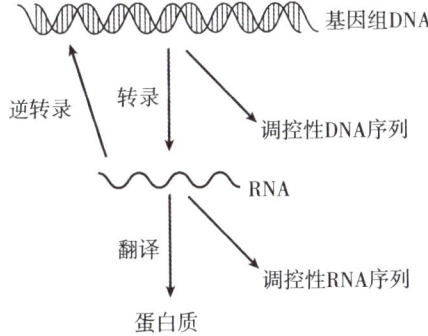

图二 DNA—RNA—蛋白质遗传信息流及调控,即生物学中最重要的中心法则

我们再一次回到基因这个名词——究竟什么是基因呢？从上面的叙述中,读者或许不难猜测出基因是 DNA 上编码蛋白质的序列。猜测是对的,但并不完全对。人类基因组中编码蛋白质的序列占所有序列的 2% 左右,大多数序列并不会被翻译成蛋白质,其中很大一部分是转录成为 RNA,并且以 RNA 的形式发挥作用,这些 RNA 通常被称为非编码 RNA,比如调控蛋白质的合成效率的微小 RNA,以及调控蛋白质基因转录活性的长非编码 RNA。因此,基因的定义可以修正为产生一种蛋白质或者功能 RNA 的全部核苷酸序列。有些科学家甚至走得更远,把基因的概念延伸囊括了不转录出任何产物的非编码 DNA 序列。理解这些概念的延伸需要回到基因的最初的定义,即控制生物性状的基本遗传单位。换句话说,如果一段序列发生了改变,生物性状会随之而改变,那么,不论这段序列最终的归宿是蛋白质还是 RNA,甚至自身不生成任何产物,只要在生物繁殖时遵循遗传学的基本定律,

则仍然可以被认为是控制了生物性状的基本遗传单位。事实上，这些非编码 RNA 和非编码 DNA 序列非常重要，它们的存在，往往决定了在什么样的细胞里表达什么蛋白质、某种蛋白质表达量多高，从而造就了人体内不同的细胞，各自发挥着不同的功能。

二、化学结构的单调重复如何造就丰富多彩的地球生命？

无论是编码蛋白质的 DNA 序列，还是转录出非编码 RNA 甚至是自身不生成任何产物的非编码 DNA 序列，如果发生了序列的改变，都有可能造成细胞或者个体的性状的改变。因此不难理解，不同种类的生物间的 DNA 序列差异甚大。但因为所有的生物都来自同一个祖先，并且发挥基本细胞生物学功能的蛋白质类似，物种间的 DNA 序列也并非完全不同。从蛋白质编码基因的角度来看，人和黑猩猩的基因相似度高达 98.6%~99%，人和大猩猩的基因相似度约 98%，人与猫的基因相似度约 90%，人和小鼠的基因相似度约 85%，人和果蝇的基因相似度约 60%，甚至人和香蕉的基因相似度也高达 50%。

细心的人或许注意到，上文专门强调了蛋白质编码基因，因为，如果要考虑占基因组大部分的非编码序列，实际上各物种间的相似性要比前文所述的数字小很多，但仍然十分可观。比如人和小鼠的非编码序列的相似度依然能够达到 50% 左右。一般认为，正是这些蛋白质编码基因和非编码序列的差异，造成了各物种不同的形态和行为模式。

相比于人和黑猩猩的基因组差别，人类个体之间的基因组序列差异要小得多，估计在 0.1% 左右，把这些差异的字母提取出来印成书本,至少有 300 页。而在大约 3 万年前与我们现代人类的祖先共同生活在同一个世界的尼安德特人,其基因组与人类的差别约为 0.3%,远小于人类和其他灵长类之间的差异,但远大于人类个体之间的差异。据推测,这 0.3% 的差异正是尼安德特人灭绝的原因。有一种更黑暗的推测是,我们人类的祖先在争夺资源的过程中利用自己的优势,比如更丰富的语言能力和随之而来的更强的组织能力,将尼安德特人消灭殆尽。那么这些优势能力的来源是什么呢?当然还是要归功于基因,某些基因突变可能使得人类的祖先能够发出更多的音节,从而能够用复杂的语言进行精确的交流,而另外一些基因突变可能使得人类祖先的大脑更加发达,从而能够从事更加复杂的计划和创造。

至此,可能有读者会问,既然我们人类都来源于同一个祖先,为什么人与人之间的 DNA 还有那么多的差异呢?要弄清楚这一点,首先要从 DNA 的结构和复制说起。

1953 年,借助莫里斯·威尔金斯(Maurice H. F. Wilkins, 1916—2004)和罗莎琳德·富兰克林(Rosalind E. Franklin, 1920—1958)的研究以及 DNA 晶体衍射照片,詹姆斯·沃森(James D. Watson, 1928—)和弗朗西斯·克里克(Francis H. C. Crick, 1916—2004)划时代的伟大研究确定了 DNA 的双螺旋模型。他们的研究指出,DNA 是由两条呈相反方向延伸且互补的链状分子所构成,其中 A 总是和 T 相配对,而 G 总是与 C 相配对。双螺旋结构最直接的意义便是揭示了 DNA 复制的原理,即每条链皆可以其互补链为模板而得以复制,启示了后来者寻找到了能够催化 DNA 复制的酶。

在生物繁衍的过程中，子代的 DNA 以父母亲的 DNA 为模板复制而来。复制的过程有着很高的保真度，因此保证了物种的稳定性。然而，复制并不是百分之百的正确，也会积累一定程度的随机突变。有些突变对于物种的生存是极其有害的，比如致死或者导致生殖缺陷，没有机会代代相传；其他比较中性的突变则通过累积叠加，代代相传，造就了群体中的个体差异。

基因的差异最终反映为人的个体性状和行为的差异，比如身高、长相或者肤色。当然，有人认为基因和智力等性状也与基因有关系，但由于智力是一种人为认定的复杂定量标准，将智力和基因联系起来的研究领域饱受争议，因为这些研究极有可能带来社会的撕裂，部分人可能会因此而受到歧视和打压。

有些基因的突变会带来非常严重而明显的结果，比如各种疾病和畸形。有几千种人类疾病或者与基因突变直接相关，或者其严重程度及是否发病会受到不同基因型的调控，即使是一些历史较短的疾病也是如此。比如人类免疫缺陷病毒（HIV）感染导致的艾滋病，有些人因为 HIV 受体基因 CCR5 上的一段序列缺失而不易受到感染和发病；近年来出现的冠状病毒感染所导致的新冠肺炎，也已经有迹象表明其发病程度可能会和基因型有关。

因基因突变直接导致的疾病都是遗传病，对于不幸带有某种基因突变的人而言，其痛苦还有一定的概率传给下一代。之所以说是一定的概率，是因为人的基因除了那些位于性染色体上的基因，一般有两个拷贝，一个来自父亲，一个来自母亲，如果只是其中一个基因发生了突变，不一定会导致疾病，而不幸者如果两个基因都发生了突变，得病的概率就非常高了，几乎是 100%。这里之所以说几乎是100%,而不是100%,是因为有些基因突变携带者可能会带有另一种基因突变,而后者正好抵消了前者的效应,后面将提及的地中海贫血症就有这样的情况。

二十世纪四十年代,第一个被定义为分子疾病的是镰刀型细胞贫血病,首次提出这个定义的是美国化学家和生物学家莱纳斯·鲍林(Linus Pauling, 1901—1994)。鲍林当时是根据β珠蛋白的性质来决定的,后来,通过对β珠蛋白对应的基因进行测序,人们发现是该基因所编码蛋白质中的第六个氨基酸的密码子GAG变成了GTG,从而使得本来是谷氨酸的位置变成了缬氨酸,改变了蛋白质的物理化学性质,进而降低了血红蛋白的携氧能力。镰刀型细胞贫血病是一种单基因疾病,而其他较为复杂的疾病,比如癌症、糖尿病、神经退行性疾病等,可能是由几个甚至几十个基因的突变所带来的累积效果所致;当然,环境触发的因素也很重要。

三、什么是基因编辑技术?

如前文所述,DNA序列的差异最终会使得基因表达出来的产物不同,这种不同既可能是产生了新的蛋白质或者RNA,也可能只是原有的蛋白质或者RNA的表达水平发生了变化,从而导致各种生物性状的差异。今天,绝大多数基因的功能基本仍不清楚。在少数情况下,人们知道某些DNA突变会导致某种疾病,如果将这些突变改变成为正常的序列,就能防止疾病的发生,但是一直以来,却因为缺少精确改造基因的工具而束手无策。解析基因的功能和恢复基因突变用于治疗都需要一种高效的对基因进行改造的工具,然而,对基因的改造绝非易事。在基因编辑的工具出现以前的大部分时间里,遗传学家们往往依赖于化学或者放射性物质导致 DNA 的随机突变,或者通过将转座子[①]插入一段 DNA 序列从而破坏基因的功能的方式来了解基因的功能。但无论是哪种方式,都是一种"打哪指哪"的研究方式,因为这些方法只能在基因组中随机的位置导致基因失活或者突变。

二十世纪七十到八十年代,科学家们通过同源重组的方式对特定的基因位点进行了改造,这种方式将突变的 DNA 序列包围在两段和基因组上的序列完全相同的 DNA 中间,利用细胞自身的同源重组的机制替换原先没有突变的 DNA,从而完成对基因组的改造。这种同源重组的方式效率极低,在很多物种的细胞中,比如在人类的干细胞中,几乎无法使用。有意思的是,后来科学家们发现,如果在特定基因组位点处发生了 DNA 断裂,同源重组的效率便会大大提高。因此,原先的基因编辑问题便变成了,如何实现在特定 DNA 位点进行切割。

那么如何实现在特定 DNA 位点进行切割呢?这个问题实际上可以拆分成两个问题,首先是如何定位到特定的 DNA 位点,其次是如何实现切割。由于人类的基因组非常巨大,要找到一个特定的位置至少需要 16 个碱基序列才能精确地确定,因为按照 AGCT 的随机排列,4^{16} 比人类基因组的碱基数目略多一些。按照比例,如果要在人类的 DNA 分子上找到 16 个碱

---

① 一类可以在基因组上跳跃的 DNA 序列,可以从一个位置转移插入到基因组的另外一个位置。

基序列的位置,相当于绕赤道一周找一支铅笔,或者在京沪高速铁路上找一枚图钉,可以预见是多么困难。但是别急,在我们的细胞中,科学家发现了一种叫作锌指蛋白(Zinc Finger Protein, ZFP)的转录因子,它里面的锌指结构能够结合特定的DNA序列,每个锌指结构识别3个碱基序列,因此如果把不同的锌指结构串联在一起,就能够设计出结合特定DNA序列的蛋白(见图三)。那么如何实现切割DNA序列呢?这个就要简单得多了,只要在这个设计的蛋白上再连接一种可以切割DNA的蛋白序列即可,这些序列来自细菌中发现的限制性内切酶FokI。锌指蛋白与FokI的酶活序列融合的蛋白被称为锌指核酸酶(Zinc Finger Nuclease, ZFN)。ZFN在设计、构建和切割活性上均有各种缺陷,并且价格昂贵,因此在基础研究和应用领域均没有得到推广。

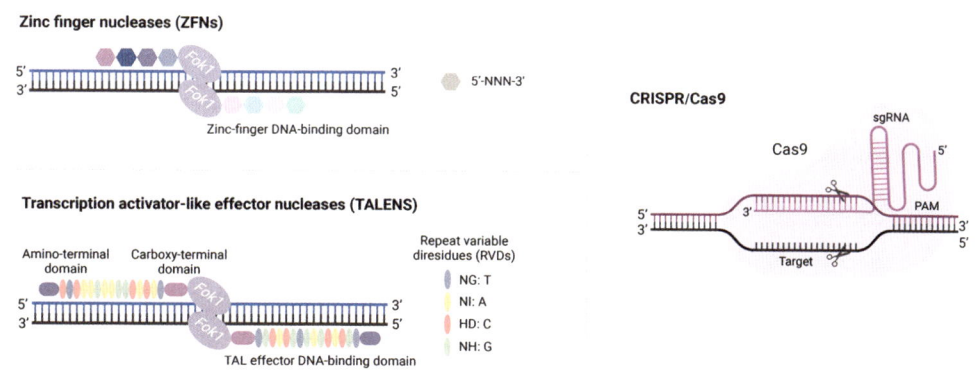

图三　ZFN、TALEN 和 CRISPR/Cas9 工作示意图

ZFN 的缺陷迫使人们寻找更好的可程序化设计的 DNA 切割工具。2010 年左右，人们又一次从基础研究中尝到了甜头。科学家们在研究一种植物的寄生细菌时，发现它们表达了一种叫作转录激活样因子（Transcription Activator Like Effectors, TALE）的蛋白，蛋白里同样含有类似于锌指蛋白中的锌指结构样的模块化的、结合 DNA 的结构，只是这次该结构不是识别 3 个碱基序列，而是识别 1 个碱基序列。把不同的 TALE 结构序列串联在一起，就可以设计出结合不同 DNA 序列的蛋白。同样，把该蛋白和 FokI 具有酶切活性的序列融合在一起组成新的蛋白，便能够切割特定的 DNA 位置。这种新设计出的蛋白叫作转录激活样因子内切酶（Transcription Activator-Like Effector Nuclease），英文为 TALEN。TALEN 的设计和构建比 ZFN 要容易很多，但是仍然需要一套比较复杂的工序。

就在 TALEN 被发明之后的第二年，一种新的可程序化设计的 DNA 切割工具应运而生，这种工具统称为 CRISPR/Cas。CRISPR/Cas 工具包括两个部分，一个是蛋白质，最常用的是 Cas9；另一个是 RNA，称为向导 RNA（guide RNA, gRNA）（见图三）。gRNA 上的某一段，大约 20 个碱基，可以被设计与特定的 DNA 序列配对，而 Cas9 蛋白在 gRNA 的引导下结合 DNA 并在附近切割 DNA 造成双链断裂。这种工具只须按照将要切割的 DNA 序列附近的序列设计一段很短的 RNA 序列，构建过程极其简单，且造价极低，因此从其一问世便在世界范围内被广泛推广，人类终于走进了真正的基因编辑时代。因为发明了 CRISPR/Cas 工具，当代两位杰出的女性科学家珍妮弗·A. 杜德纳（Jennifer A.

Doudna)和埃玛纽埃尔·沙尔庞捷(Emmanuelle Charpentier)分享了2020年诺贝尔化学奖。

将荣誉加在少数人身上是人类社会自古以来的实践。然而，CRISPR/Cas基因编辑工具之所以能够诞生，离不开许许多多被各种奖项所遗忘的、勤恳的科学工作者。大多数人或许会承认，CRISPR/Cas基因编辑工具尽管极具实用性，但是它诞生的过程却昭示着不那么实用主义甚至是不那么杰出的基础研究的重要性。

早在1987年，当时还是博士后的日本科学家石野良纯在分析一个大肠杆菌中的基因序列时，发现了一些奇怪的成规律排列的重复序列。生命存在的形式大体可以分为细菌、古细菌和真核生物。植物、动物和酵母等属于真核生物，它们的遗传物质DNA被包裹在叫作细胞核的结构中。而细菌和古细菌则没有细胞核。古细菌非常特殊，喜好一些极端的环境，如高温、高盐、极酸和极碱区域，比如火山口、盐湖等。继石野良纯的发现之后，更多科学家在细菌和古细菌中发现了类似的成规律排列的重复序列，几乎一半的细菌和所有古细菌中都有这样的序列，但从来没有在包括人类在内的真核生物中发现类似的序列。

2002年左右，这些成规律排列的重复序列获得了现在广为人知的名字，即成簇规律间隔短回文重复序列(Clustered Regularly Interspaced Short Palindromic Repeats, CRISPR[①])。在CRISPR附近的相关基因被命名为CRISPR相关联的基因(CRISPR associated genes, Cas)，一般写成Cas再加上一个阿拉伯数字，如现在广泛用于基因编辑的Cas9。不过，在CRISPR被发现了十几年之后，人

---

① 发音为 / ˈkrɪspər /。

们依然不知道这些序列的功能是什么。由于序列附近一些基因编码的蛋白和 DNA 修复蛋白有类似的序列,很长一段时间内科学家们认为 CRISPR 可能与细菌和古细菌中的 DNA 修复有关。

如果真的沿着这个方向研究下去,基因编辑的时代或许还会来得慢一些。一个小的突破发生在 2005 年左右,西班牙生物学家弗朗西斯科·莫西卡(Francisco Mojica)和法国生物学家克里斯蒂娜·普赛尔(Christine Pourcel)等人的实验室发现 CRISPR 位点被重复序列间隔的序列竟然和外源的质粒或者噬菌体的序列相同,并且根据前人的研究数据归纳出来,噬菌体不会侵染在 CRISPR 位点有其同源序列的细菌,从而高屋建瓴地提出"CRISPR 是微生物对抗外源噬菌体或者 DNA 的防御机制"的假说。该假说很快于 2007 年被法国生物学家菲利普·霍瓦特(Philippe Horvath)的研究所证明。

五年之后,杜德纳和沙尔庞捷利用纯化的 Cas9 蛋白和一条合成的 gRNA 在体外实现了定点切割 DNA。同一年,立陶宛科学家维吉尼乌斯·西克斯尼斯(Virginijus Siksnys)团队利用细菌中纯化的 Cas9 蛋白复合物对 DNA 进行切割,但是他们的研究遗漏了 gRNA 设计所需要的一个重要成分,最终与真正可编程的基因编辑系统的设计失之交臂。

综上所述,目前的基因编辑工具有 ZFN、TALEN 和 CRISPR 三种(表一),其中,因造价低、易于操作,CRISPR 是当前主流的基因编辑工具。这些基因编辑工具可以在特定 DNA 位点进行切割,造成双链断裂,细胞可以利用同源重组或者非同源末端连接的方式对断链的 DNA 进行修复,前者可以被用来引入特定的突变,后者可能造成随机的 DNA 碱基的缺失,从而使得相关基因失活。CRISPR 被改造成为碱基编辑器后,不须切割 DNA 就可以直接突变 DNA 上的碱基来获得特定 DNA 位点突变的细胞。另外,CRISPR 也可以被改造成为基因转录的调控工具,可以激活或者沉默其结合的基因的表达。除 Cas9 以外,科学家们在细菌里还发现了许多其他类型的 CRISPR,有些能够切割 RNA 而不是 DNA,因此也被设计成了 RNA 编辑的工具。

表一　ZFN、TALEN、CRISPR/Cas9 三种主要基因编辑工具比较

	ZFN	TALEN	CRISPR/Cas9
DNA 识别区	锌指结构域	重复可变双残基结构域	向导 RNA
DNA 剪切区	FokI 酶	FokI 酶	Cas9
切割复合物大小	≈ 500 氨基酸残基蛋白质 ×2	≈ 900 氨基酸残基蛋白质 ×2	≈ 1400 氨基酸残基蛋白质 +100 碱基 RNA
组装难易程度	难	较难	容易
发明应用时间	2002 年	2011 年	2013 年

四、以 CRISPR 为代表的基因编辑技术已经用于哪些领域?将给人类的生活带来什么样的改变?

基因编辑在很多领域展现出巨大的活力和潜力。其一,最得益的是研究基因功能的科学家群体。他们利用基因编辑工具,可以很便利地敲除想要研究的基因,研究基因缺失的细胞或者生物的表型。人类的基因组约有 31.6 亿个碱基对,包含 2 万个蛋白基因和同等数目的非编码 RNA 基因,这些基因的功能大多未知,还有很多调控序列的功能目前也不清楚,这些因素都有可能

与某种人类疾病有关。基因编辑工具的应用将使得发现基因的功能大大加快。科学家们已经设计了能够靶向敲除上万个基因的CRISPR文库,可以通过筛选的方式快速找到某些疾病的致病因素。例如,在这次的COVID-19新冠肺炎流行期间,科学家们用CRISPR文库筛选的方法发现了很多人类细胞中与新冠病毒感染相关的基因。

其二,基因编辑可以用于构建人类疾病模型。对于已知的突变导致的人类疾病,科学家们可以利用CRISPR对正常的胚胎干细胞进行编辑,获得相应的基因突变,并结合干细胞的相关技术来模拟人类疾病。由于科学家能在实验室对特定的组织细胞进行观察和分析,所以能够获得更多的疾病起源和进展的信息。将这些疾病的细胞模型和CRISPR文库筛选相结合后,还能够找到潜在的治疗疾病的靶点。如果和小分子药物筛选相结合,则有可能找到潜在的导向药物(lead drug)。除此之外,过去人类疾病的动物模型过度依赖小鼠,而小鼠的很多生理特征与人类相差很远,这也使得很多利用小鼠研究得到的治疗方案在临床试验时遭到失败,而基因编辑技术的发展使得现在已经可以利用大型动物模拟人类的疾病,包括恒河猴这种灵长类动物。讲到灵长类动物,大部分读者大概都知道,人类与黑猩猩有着共同的祖先,那么,人类是如何进化成现在的智慧动物的?现存的人类与已经灭绝的生活在欧洲地带的尼安德特人还有生活在东南亚的弗洛勒斯人究竟有什么不同,特别是大脑的发育方面?通过基因编辑工具在人类的细胞中引入其他种类的突变,可以研究这些问题。已经有多个实验室的研究表明,人类所获取的新的基因或者基因突变,对于大脑的发育有着非常正面的作用，这可能是我们更有智慧的原因。

其三，基因编辑可以对农作物和经济动物进行改造，以获得更好的品质或更高的产量。与备受争议的转基因生物不同，基因编辑如果操作得当，并不会引入外源基因片段。这种方法利用了生物自身的 DNA 修复机制，与传统的利用自然突变或者物理及化学的方法诱导突变的育种结果非常类似，都是导致了一些基因突变或者缺失，只是基因编辑育种带有很强的设计属性，能够加快育种这一过程。目前，科学家们已经尝试利用基因编辑获得了产量更高的水稻和小麦（见图四），也有研究小组尝试了用 CRISPR 构建增多或者减少某种物质的作物。例如，有些人对麸

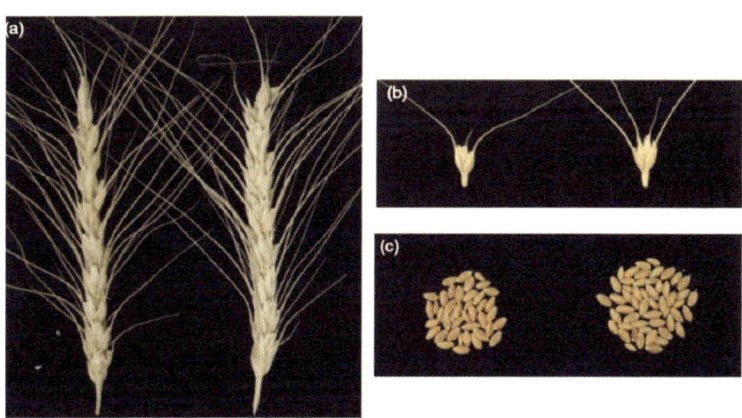

图四　Bin Yang 和 Wanlong Li 等人利用 CRISPR/Cas9 敲除了控制谷粒生长的基因 CKX2-D1，获得了产量更高的小麦。左边为正常小麦，右边为基因敲除小麦，可见基因敲除小麦能产生更多谷粒，谷穗更大[①]

① 图源：Zhang Z, Hua L, Gupta A, et al., "Development of an Agrobacterium-delivered CRISPR/Cas9 System for Wheat Genome editing", 17(8) *Plant Biotechnology Journal* 1623–1635(2019)。

质过敏，科学家们利用 CRISPR 编辑获得了低麸质的小麦，减少了大约 85% 的免疫原性物质。除此之外，让西红柿等蔬果有更丰富的营养元素，或者更好的味道，以及让作物能够更好地抗虫、抗旱、抗除草剂等，都是科学家们目前正在实践的方向。2020 年，美国农业部批准了 70 项基因编辑的作物，这些作物包括大豆、西红柿、亚麻、土豆和玉米等。其中，第一个商业化的基因编辑作物是 Calyxt 公司创造的不含反式脂肪酸和更低饱和脂肪酸的大豆。这里需要强调一下，该作物并不是由 CRISPR 编辑的，而是用 TALEN 进行的基因编辑。基因编辑也对畜牧业产生了影响，例如利用 TALEN 构建的乳汁中不含会导致部分人过敏的乳球蛋白的奶牛、不长牛角的奶牛（避免奶牛在运动或斗殴中受伤）、肌肉更多而脂肪更少的猪（见图五），等等。乔治·丘奇（George Church）和杨璐菡拓展了将猪的器官移植到人类身上以治疗疾病的方案，他们创办的启函生物公司利用基因编辑将猪的内源病毒基因敲除，同时敲除了一些免疫原性的基因，经过复杂的改造之后，据信可安全地用于人类移植了，当然最终是否可行还需要临床试验的验证。无论结果如何，基因编辑显然已经在大大拓展人类利用动植物的模式。

其四，基因编辑还有一项应用被人们寄予厚望，那就是治疗疾病。有一种地中海贫血症是 β 珠蛋白基因上发生突变导致红细胞携氧能力降低的疾病，在我国广东、广西和海南省，欧洲地中海区域，北非，印度，东南亚和中亚发病率较高。目前已知有将近 200 种突变可能导致该病，多数是因为 β 珠蛋白不能正常表达或者表达量很低，最严重的情况只能依靠频繁换血得以生存。患者

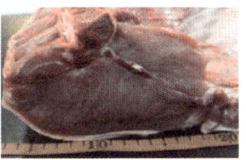
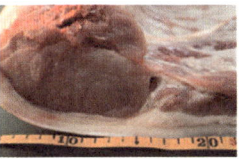

图五　Jin-Soo Kim 和 Xi-Jun Yin 等人利用 TALEN 敲除了猪成纤维细胞中的 MSTN 基因,并利用成体细胞核移植技术得到了克隆猪。MSTN 基因敲除猪有更厚实的肌肉和更少的脂肪。值得一提的是,狗、牛甚至人类中都有自发的 MSTN 基因敲除的现象,这些动物和人看上去更加强壮,有肌肉感[1]

生存质量极低,即使换血也仍然可能早夭。很有意思的是,有些带有致病 β 珠蛋白基因突变的患者并没有发病,因为他们的细胞中表达了一种正常只在胎儿时期表达的 g 珠蛋白,可以很好地弥补 β 珠蛋白突变的缺陷。

　　这就为治疗地中海贫血症还有前面提到的因为 β 珠蛋白突变导致的镰刀型细胞贫血病提供了思路。后来,科学家们发现,如果将患者细胞中的 BCL11A 基因中的一段 DNA 序列(BCL11A 增强子)破坏,便能够提高 g 珠蛋白的表达量以减轻患者症状。2021 年年初,科学家成功利用基因编辑对一名地中海贫血症患者

---

[1]　图源:Jin-Dan Kang, Seokjoong Kim, et al., "Generation of Cloned Adult Muscular Pigs with Myostatin Gene Mutation by Genetic Engineering", 7 *RSC Advances* 12541(2017)。

和一名镰刀型细胞贫血病患者进行了治疗。整个治疗流程大致如下:首先提取患者自身的血液干细胞,然后利用CRISPR/Cas9切割干细胞中的BCL11A增强子序列,在体外检测基因编辑成功后,再将血液干细胞输回到患者体内。治疗非常成功,患者在治疗后的一年内没有再像治疗之前那样需要输血,镰刀型细胞贫血病患者也摆脱了血管闭塞及其所带来的肌肉疼痛和内脏损伤等诸多痛苦。在这里稍作赘述,这种治疗疾病的方式只牵涉患者的体细胞,而没有对其生殖细胞或者胚胎进行编辑,因此不会改变患者后代的基因型,这不仅是符合现在的法律和伦理的,也避免了基因编辑的脱靶效应带给被治疗者后代的潜在恶果。

上述案例仅仅是诸多利用基因编辑治疗疾病的一例。实际上,针对许多疾病,科学家们或医生们都正在或者计划尝试用基因编辑来治疗。例如,张锋等参与创建的 Editas Medicine 公司正在利用 CRISPR 尝试治疗 CEP290 基因突变导致的先天性失明、USH2A 基因突变导致的先天性耳聋和失明,以及多种基因突变导致的视网膜色素病变等。Intellia Therapeutics 公司利用 CRISPR 破坏患者已经突变的 TTR 基因以治疗家族性淀粉样多发性神经病变(Familial Amyloidotic Polyneuropathy, FAP)。另外,还有很多机构在尝试利用 CRISPR 改造免疫细胞用于癌症治疗。总结起来,目前可将基因编辑用于治疗的疾病,一部分是在体外对提取的患者细胞进行改造,再输回患者体内;另一部分主要集中在眼睛、耳朵和肝脏这些比较容易递送 CRISPR 系统的器官。递送系统对于 CRISPR 而言,和当前渐入佳境的 RNA 干扰药物一样,都是急需解决的瓶颈,一旦这些方面的研究取得突破,比如开发出能够把 CRISPR 特异定向输送到心脏或者脾脏的递送系统，那么许多其他脏器系统的疾病也有可能通过基因编辑来进行治疗。

以上所讲都是基因编辑可能给人类社会带来的积极影响。然而，和大多数技术一样，基因编辑也可以被用于邪恶的目的。比如，某些反人类的狂人或许会尝试用基因编辑制造更加有致病性的病菌或者病毒作为生物武器。读者还可以发挥自己的想象，由于笔者实在是太善良，已经想不出还有什么其他邪恶的用途了。

还有一些用途，是邪恶还是有益并不能很好地判断。例如，利用基因编辑将令人讨厌的蚊虫消灭，利用基因编辑改造蓝藻让它们能够更好地吸收二氧化碳从而减缓全球变暖的趋势。这些乍一听似乎是好事，然而蚊虫的消失或许会影响食物链的上下游而导致不可预期的灾难，同样的问题在蓝藻的改造中也可能存在。

利用基因编辑来增强人类是另外一种无法判断好坏的用途。是否可以通过编辑某些基因来使得人类不再受某些病原微生物的侵害，比如 HIV 病毒？或者编辑某些基因使得人类更加强壮、更加聪明、更加有艺术细胞？至少目前来看，这些事情，特别是牵涉到直接对人类胚胎进行编辑的，还没有被任何政府所容许。原因肯定是多种多样的，其实即使想要实现这些目的，在当前的情况下也几乎是做不到的。首先是基因编辑的精准性和效率仍然有待提高。其次是大多数基因的功能并没有被完全理解，而且基因的功能很多时候是情景依赖的，例如前面所提到的镰刀型细胞贫血病的突变，表面上看是坏的突变，但实际上，在一个疟疾肆虐的地方，携带这些突变的人却能抵抗恶性疟疾，从而获得生存的优势。因此，在没有完全弄清楚基因的功能之前，贸然改变一些基因是带有风险的，特别是不加选择对所有人进行改变时。最后是社会原因，如果一种基因编辑对人类"有益"，那么到底谁可以对自己的后代进行编辑？这样会不会带来人类社会的进一步撕裂，从而引发其他更迫切的问题？这些分析在本书后续的文章中将会详细展开，在此不作赘述。

本文到此即将结束，在此对所述内容和观点进行一个总结。从DNA的发现到其作为主要遗传物质的地位的确立，科学界经历了将近九十年的时间，再到普适性的DNA编辑工具的出现，又经历了六十年。目前，三大基因编辑工具包括ZFN、TALEN和CRISPR，特别是CRISPR在基础研究、动植物改造、治疗疾病方面均展现出了前所未有的潜力，并且随着人类社会预期的提高，工具的改善以及干细胞、神经生物学和胚胎学领域的发展，人类在很多方向将面临抉择，例如，要不要用基因编辑对人类自身进行改造？要不要用基因编辑对全球生物圈进行改造？随着人类社会和地球环境的变化，这些问题可能没有一个固定的答案，但是对于牵涉到整个人类社会前途的事情，笔者认为这些问题应该在一定的规范前提下进行公开讨论，如果讨论的结果是开展实验，其流程和实验结果也应该用一种光明正大的方式公开，贸然而隐蔽地开展实验的后果往往无法预期，所以我们或许应该本着负责任的态度缓慢地进行尝试。

人类基因编辑：可遗传与不可遗传

——科学与技术层面的问题讨论

王皓毅

王皓毅

王皓毅，博士，研究员，中国科学院动物研究所干细胞与生殖生物学国家重点实验室副主任，北京干细胞与再生医学研究院研究员。2009年于美国华盛顿大学获得分子细胞生物学博士学位，2009—2014年在麻省理工学院Whitehead研究所进行博士后研究，从事多能性干细胞和小鼠基因编辑技术的开发和应用。2014年加入中国科学院动物研究所，担任基因工程技术研究组组长。他的科研兴趣在于开发和应用最新的基因工程技术，在哺乳动物细胞中进行精确的基因修饰。一方面优化应用已有的基因编辑技术在人类原代细胞中进行基因改造，建立新型细胞治疗方法；另一方面挖掘开发全新的基因工程工具，建立全新基因组改造技术。

从上一篇文章中我们了解到,基因编辑技术已经被应用到小麦育种、奶牛和猪的培育等农牧业产业中。有部分因基因突变导致的先天性疾病,如地中海贫血症等,也有望在基因编辑技术的帮助下,得以治愈。基因编辑技术似乎毫无疑问地成为人类社会的福音,然而,无论是科学界,还是政策、伦理界,对该类技术的考虑都复杂得多,尤其是涉及人类的基因编辑,这当然是有原因的。

人类基因编辑可分为"不可遗传的人类基因编辑"和"可遗传的人类基因编辑"两类。不可遗传的人类基因编辑(Non-Heritable Human Genome Editing)是指经过基因编辑之后的细胞无法形成配子以成为下一代个体,因此其基因组所完成的编辑也不会传递给下一代。可遗传的人类基因编辑(Heritable Human Genome Editing)指的是进行过人工基因编辑的细胞会将这一基因改造传递给下一个世代,通常指的是基因编辑人类的配子干细胞或前体细胞、配子细胞或早期胚胎;这些携带着人工改造基因型的受精卵会发育成个体,其全身每个细胞都携带了基因编辑的内容,从而也可以通过其配子细胞继续传递给后代。

当前人们对于遗传学和基因组学等的科学理解以及基因编辑技术发展水平尚不能满足进行人类可遗传基因编辑临床试验的科学技术要求,而对于人为地改造人类生殖系根本遗传信息这一重大议题,不同的国家民族在伦理层面还远没有达成共识,因此任何以生殖为目的的人类可遗传基因编辑在当前都是应该被禁止的。

一、人类疾病和基因之间有什么关系?

说起基因编辑技术在人身上的应用,我想大部分人的第一个反应就是利用基因编辑治疗遗传疾病。如果基因发生问题(基因突变)会导致疾病的话,那么用基因编辑技术将这个出问题的基因,编辑成为功能正常的基因,不就可以治疗很多疾病了吗?但无论从理论还是技术层面来说,事情远远没有这么简单。接下来,我先简单介绍一下疾病特别是遗传疾病和人类基因组的关系。

随着人类群体遗传学的研究和基因测序技术的飞速发展,通过对特定遗传疾病的患者群体进行全基因组或者全外显子组[①]测序,科学家们已经发现了数千种由单个基因突变所导致的疾病,并确定了相关的致病基因。这些疾病被称为单基因遗传病(Monogenic Diseases)。单基因遗传病相对来说发病率较低,不同疾病的发病率差异较大,在每百万人中约有 1 到 1000 位患者。但由于单基因遗传病种类众多,所以患者总数也非常惊人,约占总人口的 1%。很多单基因疾病的致病基因已被鉴定出来,发病机理也已经得到了深入的研究,因此是基因编辑治疗潜在的适应证。但具体到对特定疾病的治疗,其涉及的科学和技术方面的考量却各自有较大的差别。

相比于单基因疾病,多基因疾病(Polygenic Diseases)则更为

---

① 基因组中编码蛋白质的基因片段。

复杂。很多常见疾病，如多种类型的癌症、2型糖尿病、心脏病、精神分裂症等都明显受到遗传基因影响。与单基因遗传病不同，能够对多基因疾病造成影响的基因有多个，虽然每一个基因对疾病风险的影响都比较小，但综合起来的影响却比较大。而且这些疾病的发病概率以及症状程度既受基因影响，也在很大程度上受其他因素的影响，比如患者的生活习惯、生活环境以及饮食结构等。这些因素使研究这些疾病的分子机理变得更加困难。因此，对于这些多基因疾病，很难确定编辑哪个基因能够确保对患者起到安全有效的治疗效果，在这一方面，我们的科学研究还任重而道远。

另外需要特别说明的是，人类不同个体所携带的基因在序列层面也有很大的差别，同一个基因在不同人的个体序列中并非完全相同。研究表明，在包含大约31.6亿个碱基对的人类基因组中，每两个人之间会有大概300万个碱基不同；也就是说这一本基因组的"书"里面，两个人之间每1000个字母就会出现一个字母不同。这些碱基的区别，在大多数情况下没有明显的生理或病理后果，但是众多基因的功能往往是通过复杂的相互作用和调控网络来决定我们整体的生理状况，而现在的科学水平对于这种复杂的多基因相互作用的理解仍然非常粗浅。我们每个人不同的基因组序列的总和被称为每个人的遗传背景，同样一个基因的突变或者改变，在不同的遗传背景下，造成的后果往往也是不同的。即使是前面提到的单基因遗传病，携带同样的致病基因突变但具有不同遗传背景的患者，通常也会有不同程度的疾病症状。除了基因突变会导致疾病，不同的基因序列也会影响健康人的各种生理状况和基本属性，而这些不同的特征也通常受多个基因影响，比如个体的身高和智商。因此，即使我们掌握了精确编辑任何单个基因的技术，但在科学层面还缺乏对整个基因组网络如何协同决定人类性状的深入理解，我们仍然无法知道应该编辑哪个或者哪几个基因，才能对某些疾病有准确的治疗作用。

针对那些通过细胞和动物实验已经明确致病基因的疾病，是不是将基因编辑技术应用在治疗上就非常直接和简单呢？其中最为关键的问题是，要治疗某一种特定的疾病，我们需要对哪种类型的细胞进行基因编辑，当前的技术能否实现对特定细胞类型特异高效的基因编辑。

让我们首先思考一下，人类是如何发育和构成的。像其他生命一样，我们人类都是由细胞构成的，细胞的细胞核所携带的46条染色体上面缠绕的DNA分子序列的总和构成了我们每个人的基因组。当我们讨论基因编辑人类细胞的时候，首先需要明确的问题是：对什么类型的人类细胞的基因进行编辑。

粗略估计，一个成人拥有40万亿~60万亿个细胞，这些细胞具有不同的类型和功能，比如神经元、淋巴细胞、肌肉细胞等。但所有的这些细胞都具有几乎相同的基因组信息，即来自个体生命起始时父母所传递下来的镌刻在DNA分子上的遗传信息。我们每个个体的生命都起始于父亲的精子和母亲的卵子相结合形成的受精卵，来自父亲的23条染色体和来自母亲的23条染色体携带着父母各自一半的基因组在受精卵中融合，从而形成一个新的独一无二的生命个体的遗传信息（这46条染色体上缠绕的DNA的全部序列）。接下来，受精卵会发生多次细胞分裂，一分为二，二分为四，四分为八……随着每一次细胞分裂，这46条染色体也会进行一次完全的复制并被平均分配到新形成的细胞中,从而确保每个细胞都具有同样的46条染色体(见图一)。直到发育到特定阶段,人类的早期胚胎会着床于母亲的子宫,并逐渐发育成胎儿,成为一个崭新的人。而这个生命也会产生自己的配子细胞(男性产生精子,女性产生卵子),通过与其配偶配子细胞的结合形成下一代新生命。

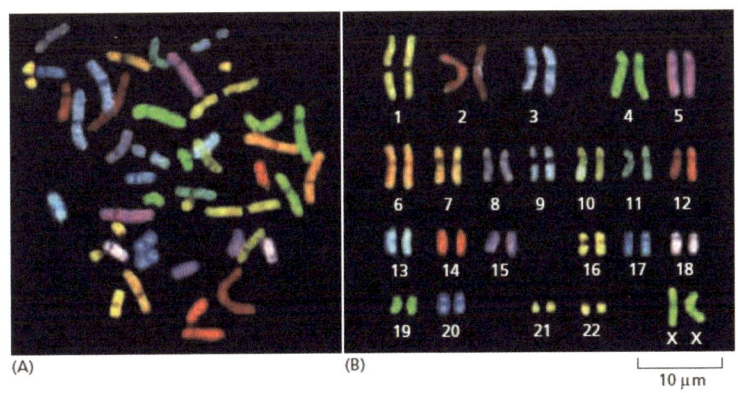

图一 完整的人类染色体组[①]
这些来自女性的染色体是从正在进行核分裂(有丝分裂)的细胞中分离出来的,因此高度致密。每一条染色体都被"涂上"了不同的颜色,以便在荧光显微镜下使用一种被称为"光谱核型分析"的技术进行明确的识别,而染色体绘制可以通过将染色体暴露于大量DNA分子中的方式来完成

随着生命生生不息地延续,真正被传递下去的生命的信息就是DNA的序列,而完成这一传递的载体细胞就是每个世代的配子细胞(精子或卵子)。与配子细胞不同,我们身体中的其他细胞

[①] 图源:B. Alberts, A. Johnson, et al., *Molecular Biology of the Cell*, 6th Edition, Garland Science, 2014。

是不会将铭刻在 DNA 序列中的遗传信息传递给下一代的,这些细胞被称为体细胞。尽管体细胞类型众多,所执行的功能丰富多彩,但从进化的角度来说,其最本质的作用就是保证配子细胞可以将所携带的遗传信息尽可能高效地传递给下一代。

二、人类基因编辑技术的分类和应用

理解了配子细胞和体细胞的区别之后,让我们来想象一下针对人类的这两类细胞进行基因编辑。

如果针对一个特定基因的编辑发生在体细胞中,那么这一操作所影响的就是这个人身上的一部分细胞,而发生的基因编辑只能影响这一部分细胞,改变过的遗传信息不会传递到其他未经基因编辑的细胞中,也不会传递给该个体的下一代。但是如果基因编辑发生在人类的配子细胞或者精子和卵子刚刚结合形成的受精卵中,那么被基因编辑改造过的遗传信息就会随着受精卵分裂和基因组复制,传递到这个新生命的每一个细胞中。当这个孩子诞生时,她或他身体中的每一个细胞都携带着人工改造过的基因,而这也包括这个孩子将来长大后所产生的配子细胞。这就意味着,只要这个个体继续繁衍后代,这一在最初受精卵中进行的基因编辑的结果,会随世代交替一直被传递下去,并成为人类整体遗传信息池中的一部分。

笔者不厌其烦地解释在人类体细胞和配子细胞中进行基因编辑的区别,是希望读者能够理解,虽然都是使用同一个技术编辑人类细胞中的 DNA 序列,但是该技术应用在体细胞和配子细胞中所造成的影响有巨大区别,因此我们在讨论基因编辑技术在人类中应用的正当性、风险以及需要达到的技术水平时,都必须明确区分"不可遗传的人类基因编辑"和"可遗传的人类基因编辑"。接下来,我将分别举例说明这两类基因编辑可能被应用的方面以及相关问题。

三、不可遗传的人类基因编辑

不可遗传的人类基因编辑一般是指经过基因编辑之后的细胞无法形成配子以成为下一代个体,因此在其基因组中所完成的编辑也不会传递给下一代。对这一类基因编辑的应用主要集中在两个方面。

(一)科学研究

在多数情况下,对于人类生命以及疾病发生发展过程的研究,研究人员不可能直接在人体上做实验,因此需要其他合适的研究模型。比如,我们想研究早期人类发育的过程及其细胞内部的分子机理,人类胚胎干细胞就是一个很好的模型。胚胎干细胞来自早期人类胚胎的内细胞团,可以在具有合适培养基的培养皿里面不断地扩增,同时可以维持自身的未分化状态,从而可以模拟人类早期胚胎细胞的很多特征。再比如,我们想研究肿瘤细胞是如何可以快速分裂的,就可以从临床获得的肿瘤标本中建立可以在培养皿里面被持续培养和扩增的肿瘤细胞系,这些细胞可以维持这种特定肿瘤的部分特点。有了这些体外培养的人类细胞模型,我们就可以对这些细胞进行基因编辑。

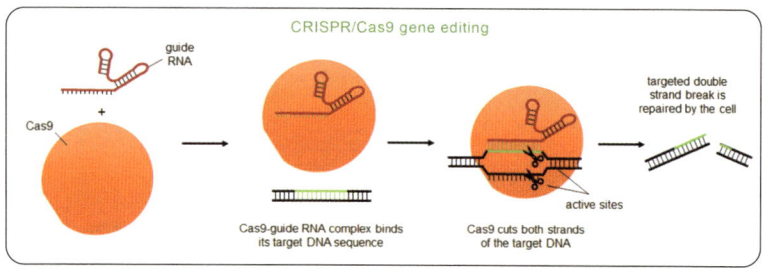

图二 CRISPR/Cas9 基因组编辑系统将 DNA 切割酶（如 Cas9）与结合到待编辑基因序列的引导 RNA 分子配对。Cas9 蛋白切割两条 DNA 链后，细胞会通过几种不同机制中的任何一种检测并修复双链断裂[1]

而 CRISPR/Cas9 技术方便易用，通过设计，其可以靶向作用于几乎所有的人类基因。因此，可以用其在体外培养的人类细胞系中进行高通量的基因筛选。举例来说，某种病毒通过结合人类细胞表面的特定蛋白而侵入人体，为了找到那些参与病毒入侵的基因，我们可以针对体外培养的上千万的人类细胞进行筛选，在不同细胞中敲除不同基因，通过排除的方法，找出那些帮助病毒入侵的基因。

基因编辑在科学研究领域的应用极其广泛，应用该技术的实验都是为了研究特定的科学问题而在专业科研实验室里面进行的，并不会对于任何人类个体有直接的影响，不会引起特别重大的伦理和监管风险。因此，基因编辑已经被广泛应用到生物学研究中，并极大提升了科研的广度和效率，加速推动了科学家对于人类生命规律的理解和对于疾病治疗新药物、新方法的研究。

---

[1] 图源：The Royal Society, National Academy of Sciences, National Academy of Medicine & International Commission on the Clinical Use of Human Germline Genome Editing, *Heritable Human Genome Editing*, National Academies Press, 2020。

(二)基因治疗

除了助力科学研究,人类体细胞基因编辑技术的应用主要集中在疾病治疗方面。如前所述,人类有大量的疾病是单个基因或多个基因突变导致的,而几乎所有的疾病都是基因和环境相互作用所引起的。

针对体细胞进行基因编辑以治疗单基因遗传病的技术,需要考虑以下几个层面的问题:(1)同一疾病的不同患者往往具有多种突变类型,因此需要考虑是否可以针对导致该疾病的多种突变类型,设计高效的基因编辑方案,同时实现多突变类型的治疗;(2)该疾病是否可以通过编辑某一种或者几种体细胞类型实现症状的缓解,这一问题通常需要前述的利用细胞和动物模型所作的基础研究来回答;(3)是否有递送技术可以将基因编辑工具高效特定地递送到需要编辑的体细胞中,实现在目标细胞中的基因编辑;(4)这一特定的基因编辑方案的安全性如何,是否会有不良后果,例如显著的脱靶现象、致瘤长期风险、严重的免疫反应等?

治疗不同的疾病,需要进行基因编辑的细胞类型有很大的区别,将基因编辑工具递送到不同的细胞类型中的技术路线和难度也非常不同,这些技术大体可以分为两大类:(1)体外基因编辑治疗(ex vivo)把特定类型的细胞取出体外,对其进行基因编辑处理,再将编辑后的细胞回输给患者;(2)体内基因编辑治疗(in vivo)将基因编辑工具通过不同的载体直接递送到患者体内的特定细胞类型。

体外基因编辑技术可以被应用于改造工程化免疫细胞,比如改造嵌合抗原受体 T 细胞(Chimeric Antigen Receptor T, CAR-T),

以增强其治疗肿瘤的安全性和有效性。其原理为:先将肿瘤患者体内的 T 细胞①分离出来,在细胞培养皿里面进行培养和扩增,然后将编码重要功能的基因整合到 T 细胞的基因组中,或者敲除限制 T 细胞功能的负向调控基因,从而使其具有特异性识别并杀伤肿瘤细胞的能力,然后将基因编辑改造后的 CAR-T 细胞回输给患者(见图三),让这些细胞作为活的药物去清除患者体内的肿瘤细胞。

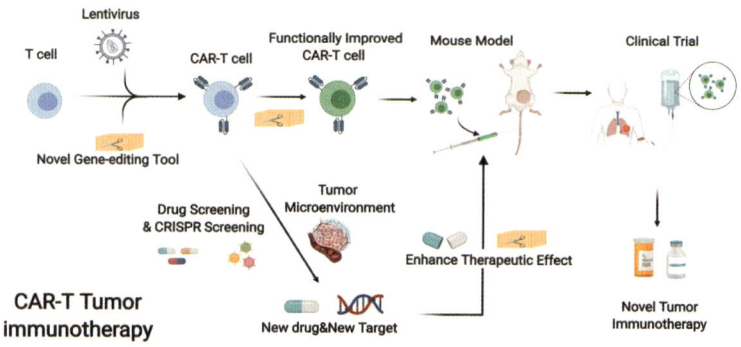

图三 CAR-T 肿瘤免疫治疗流程图

与造血干细胞以及 T 细胞不同,大部分细胞类型无法从患者体内分离后继续在体外有效扩增和培养。这种情况下,就必须采用体内基因编辑的方法。目前体内基因编辑主要是通过病毒载体或者纳米材料等携带基因编辑工具,通过循环系统来给药或者进行局部注射,从而实现对于体内特定细胞类型的特异性改造。但是相比体外操作,体内递送则面临更多的挑战。如何确保基因编辑工具只被递送到目标细胞类型,而不会过多编辑其他的无关

---

① 在细胞介导的免疫反应中发挥核心作用的一类淋巴细胞。

细胞类型？如何尽量降低基因编辑工具以及递送载体的免疫原性？如何避免基因编辑工具发挥作用的时间过长？面对这些问题，科学家和相关公司都在针对特定的疾病开发专属的治疗方案，以期获得最佳的治疗效果和最高的安全性。比如，眼睛是一个相对较为封闭的系统且免疫反应较弱，因此针对眼科遗传疾病的治疗是当前体内基因编辑研究的重点方向之一。

总体来说，通过体细胞基因编辑进行疾病治疗是非常有前景的新型治疗方式，有望为一些未被满足的临床需求提供安全有效的全新治疗方法。基因编辑是一类较新的基因治疗方法，从属于基因治疗的框架，对于基因编辑体细胞治疗的研究和临床试验以及药物申报路径非常清晰，可以按照已进行大量临床研究的基因治疗方式进行监管，伦理风险较小，全社会和社会资本的进一步支持将创造出巨大的价值，满足大量未被满足的临床需求。

四、可遗传的人类基因编辑

与体细胞基因编辑不同，可遗传的人类基因编辑指的是进行过人工基因编辑的细胞会将这一基因改造传递给下一个世代。对人类的配子干细胞或前体细胞、配子细胞或早期胚胎进行基因编辑，携带着人工改造基因型的受精卵会发育成个体，其全身的每个细胞都携带着基因编辑的内容，可通过其配子细胞继续传递给后代。现在最为成熟的技术路线是对受精卵细胞直接进行基因编辑，这一方法最初在对小鼠、大鼠和猴子等动物的实验中成功，这些实验主要的目的是建立具有不同改造基因的动物模型，从而更好地研究特定基因的功能和建立用于药物开发的人类疾病模型。

这一方法通常是利用非常细的针将基因编辑蛋白和 RNA 注射到受精卵里面,基因编辑蛋白进入受精卵的细胞核后,对特定基因位点进行改造。经过基因编辑的胚胎被移植到代孕动物的子宫后,发育成一个完整的个体。编辑后的基因组同时存在于个体以及其后代的配子细胞中,最初的改造基因将一代代传递下去。从原理上说,对于单基因遗传病,利用可遗传的基因编辑可以从根本上阻断疾病的传递,听起来是个很好的主意;但具体分析后会发现有很多问题有待解决。在本文中,我将不讨论相关的伦理和哲学问题,只聚焦相关的科学和技术问题。

首先,我们应思考,在什么情况下,需要应用基因编辑技术修改人类胚胎的基因。基于之前对于单基因遗传病和多基因遗传病的讨论,在与体细胞基因编辑的逻辑相同的情况下,大家都会认可这一论点:在建立和使用一个同时具有巨大潜在获益和风险的全新治疗技术的时候,首先会考虑对一个必然会患有某种严重单基因遗传疾病的胚胎进行基因修复,从而使这个胚胎可以发育为健康的个体。但是这种需求到底在临床上有多少呢?除基因编辑以外,是否有其他技术可以实现类似的目的呢?

通常来说,一对遗传病患者或基因突变携带者夫妇的孩子并不是 100% 会患病。例如,对于单基因常染色体隐性遗传病来说,如果夫妻一方是患者(携带两个拷贝的突变基因),而另一方是健康携带者(一个拷贝的突变基因),那么其后代患病(两个拷贝的基因都有突变)约占一半概率。如果是单基因常染色体显性遗传病,夫妻一方是患者(携带一个拷贝的突变基因),而另外一方健康(不携带突变基因),那么其后代患病(一个拷贝的突变基因)的概率也约为一半。近年来,辅助生殖技术得到了快速的发展,对于体外受精胚胎进行基因型鉴定的技术逐渐成熟。对于每一对夫妇,医生使用体外受精技术通常可以获得多枚受精卵,在体外培养胚胎的过程中可以对每一枚胚胎进行基因检测,其中有一定比例的胚胎是不具有致病基因型的,因此可以选择这些健康的胚胎进行移植,让患者夫妇获得一个健康的孩子。在这种情况下,对带有基因突变的胚胎进行基因编辑就是不必要的。只有在一对夫妇所生育的孩子100%会患遗传疾病的情况下(见图四),对受精卵进行基因编辑才是唯一的避免孩子患病的方法,但是这种情况发生的概率其实是非常低的。因此从科学层面分析,这种临床需求并没有特别巨大和迫切。

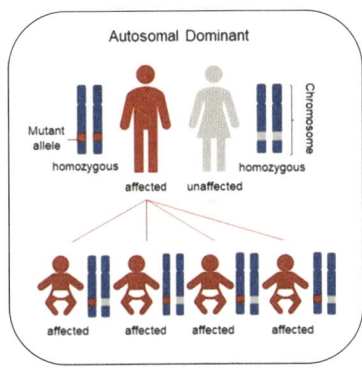 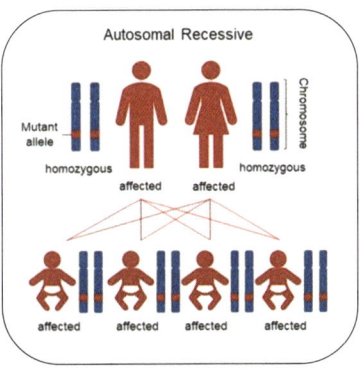

图四 父母不能产生未受遗传疾病影响的胚胎的情况,包括显性遗传疾病的父母一方纯合子,或隐性遗传疾病的父母双方纯合子或复合杂合子[①]

---

① 图源:The Royal Society, National Academy of Sciences, National Academy of Medicine & International Commission on the Clinical Use of Human Germline Genome Editing, *Heritable Human Genome Editing*, National Academies Press, 2020。

其次,基因编辑人类胚胎技术是否足够安全和有效呢?现在学术界的普遍共识是,还远远没有达到可以在人类生殖系中应用的水平。对体细胞进行基因编辑,治疗的是患病的个体本身,其改变不会传递给下一代。因此在这种情况下,对于技术的评价应该和其他类型新药的标准一致,即是否可以获得较好的患者收益风险比(benefit / risk ratio)。但是人类胚胎的基因编辑则完全不同:作为一个还未成为个体的早期胚胎,基因编辑将改变的是其将来发育成为的个体所包含的每个细胞的基因,其中也包括传递遗传信息给后代的配子细胞。因此对于其风险进行控制的标准应远高于体细胞的基因编辑治疗。

那么基因编辑人类胚胎存在哪些技术风险呢?第一,是"脱靶效应"(off-target effects),即基因编辑工具除在目标位点进行精确的编辑之外,是否还会引发基因组其他位置的序列改变。早期胚胎的细胞数量非常少,因此可用来做基因组序列测序的DNA含量非常低,技术难度极高。但如果不能对基因编辑后的胚胎进行高精度和全面的基因组测序,就无从得知基因编辑是否造成了其他位置的脱靶突变。除了目标位点外的少数碱基的序列可能被改变,目标位点也可能产生除目的编辑之外的基因变化,最新的一些研究发现,它还可能会引发较大基因组片段的变化。这些改变的频率和其可能引发的后果都有待进一步研究。第二,是"胚胎嵌合"(genetic chimerism)(见图五),即虽然基因编辑蛋白通常是在受精卵的"一细胞阶段"注射,但基因编辑有可能发生得更晚,比如在第一次细胞分裂后形成的"二细胞胚胎"中。这就造成了在"二细胞胚胎"中,两个细胞所携带的基因型不同,那么这个胚胎发育成个体后,其体内就有多种基因类型嵌合,而这种情况所引发的生理病理后果仍有待研究。所以在技术层面来说,需要更加精确地控制基因编辑工具的作用时间窗口,以确保基因编辑完成在"一细胞阶段",而目前的技术还无法完全做到这一点。

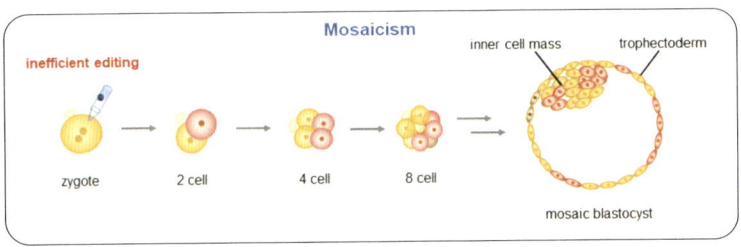

图五　当在两个细胞阶段只有一个细胞发生编辑时,可能出现细胞含有不同遗传物质的镶嵌胚胎[①]

以上只是诸多技术问题中比较重要的两点。在所有这些问题得到回答和解决之前,基因编辑技术是不应该被应用于人类胚胎并植入子宫的:一旦出现较为严重的问题,受到影响的将不只是某一个患者个体,而有可能是很多世代。2018 年的基因编辑婴儿事件就是极其恶劣的案例。这个事件中,整个实验的科学基础、技术水平、透明度和合规性等方面都是一塌糊涂,大量的文章已经对其进行批判,且国家也已经做出了严肃处理,本文将不对其展开讨论。但此事件进一步警示了整个社会,对于科研个人和团

---

① 图源:The Royal Society, National Academy of Sciences, National Academy of Medicine & International Commission on the Clinical Use of Human Germline Genome Editing, *Heritable Human Genome Editing*, National Academies Press, 2020。

体来说，科学理解肤浅、技术掌握粗糙以及缺乏基本的伦理法律观念会造成什么样的严重后果。

基于此，多国的科学院联合组织了国际人类可遗传基因编辑委员会（International Commission on the Clinical Use of Human Germline Genome Editing），我也有幸作为中国科学院的代表之一参加了这个委员会。经过三次线下会议和数十次线上会议，历时一年半，委员会完成了一份代表科学界共识的、关于人类可遗传基因编辑的报告《人类可遗传基因组编辑》（Heritable Human Genome Editing）[1]。该报告总结了科学界对于人类遗传学和疾病的整体理解，详细解释了基因编辑技术的原理，并针对其在人类可遗传基因编辑方面的应用进行了深入细致的讨论。

其主要结论是，当前的基因编辑技术水准还不能满足人类可遗传基因编辑临床试验的要求，因此任何以生殖为目的的人类胚胎基因编辑在当前都应该是被禁止的。如果要进行相关研究，首先需要针对具有严重临床症状的单基因遗传病进行研究，如前所述虽然这类疾病的临床需求非常有限，但对于建立人类可遗传基因编辑的方法却非常重要，在方法得到验证后可以再考虑扩展适应证。临床前研究需要先在细胞和动物模型受精卵中建立高效精确的基因编辑方法，然后进一步在携带致病基因突变的人类胚胎中证明方法的效率和特异性（该证明不进行子宫移植）。只有在这些临床前研究充分证明了基因编辑方法的安全性和有效性后，才可以申请进行临床研究，而且整个研究过程需要保持透明，

---

[1] 这一报告可在美国国家学院（National Academies）的网站（https://www.nap.edu/catalog/25665/heritable-human-genome-editing）免费下载。

在相关国际专家委员会的监督之下进行。

我想强调的是,即使科学和技术的进步在未来可以使人类可遗传基因编辑技术足够精确和高效,这仍不代表我们就可以或者应该将其应用。因为对人类可遗传的基因组进行编辑是一个远远超出科学技术范畴的问题,它还涉及人类的本质和尊严、不同文化的伦理观念和宗教信仰以及社会公平的底层逻辑。因此,在科学和技术不断进步的同时,科学家、管理者、人文学者和大众需要进行广泛充分的讨论,从而真正在全社会达成共识,共同决定是否应该将基因编辑技术应用于某一个特定的适应证治疗。

除了对于遗传疾病的治疗,还有很多人在讨论利用基因编辑增强健康人的某些特质。我想特别强调的是,对于基因编辑这种全新的治疗方式,应该首先在收益风险比最高的严重疾病中充分提升其方法的安全性和有效性,然后再考虑将之拓展到症状较轻的遗传疾病。对健康人进行基因编辑,个体无疑要承担巨大的风险,而可能的收益却非常不确定。因为我前面已经解释过,人类的大部分性状都是由多基因影响的,单独编辑一个或几个基因的后果往往很难确定,特别是在人类多样化的遗传背景下。因此我认为,只有在基因编辑治疗疾病已经经过了充分验证、对于特定性状的相关遗传机制有了充分理解之后,才可以考虑体细胞的基因编辑在某些特质增强方面的应用。但是从遗传物质最根本的信息层面进行增强,无疑将挑战社会公平的底线。这些问题需要更多不同领域的专家和全体社会一起讨论和决策。

基因编辑给予我们改变这个星球上几乎所有生命的底层信息的能力,也包括改变我们自身进化的轨迹的能力。对于这么重要的技术的应用,将表现我们作为一个社会,乃至一个物种,是否可以具有长远眼光地、负责任地进一步发展。我想这离不开每个人的独立思考、求知和积极参与,以及全社会的充分沟通,以达成共识。

可编辑的未来和不可触碰的底线

——什么是人类基因组编辑的真正伦理风险?

吴天岳

吴天岳

吴天岳，北京大学哲学系教授、博士生导师，2019—2020年博古睿学者。2001年本科毕业于北京大学哲学系，2007年获比利时鲁汶大学哲学博士学位。现任北京大学外国哲学教研室主任，北京大学西方古典学中心副主任。主要研究西方古代和中世纪哲学，专注于该时期的心灵哲学和伦理学研究，著有《意愿与自由：奥古斯丁意愿概念的道德心理学解读》及英文论文十余篇。其中，他的奥古斯丁研究展示了意愿作为心灵的奠基性活动如何成为道德责任的根基，阿奎那研究则揭示出理性的个体性如何成为人格及其尊严的基础，在国际学界有一定反响。近年关注当代人工智能、基因编辑技术等前沿科技带来的伦理挑战，尤其是与人的身体与尊严相关的哲学问题。

2018年11月26日北京时间上午11时左右,美联社和人民网几乎同时发文,声称中国科学家贺建奎利用CRISPR/Cas9基因编辑技术,修改了人类胚胎中的CCR5基因使其丧失功能,以使该胚胎对艾滋病毒(HIV)天然免疫,一对名为露露和娜娜的双胞胎也因此成为世界首例基因编辑婴儿在中国降生。美联社的报道中提到了学界同行对其中隐含的伦理问题的忧虑,担心它很可能会带来"伦理的深刻飞跃"。[1]

贺建奎的实验室同天在视频网站YouTube上发布了五条短视频,证实了这一消息。这位意气风发的科学家也期待着在第二天开幕的第二届国际人类基因组编辑峰会上迎来自己的高光时刻。然而出乎贺建奎意料的是,消息传出后即刻引发了排山倒海的质疑。两天后贺建奎在峰会的发言遭遇了一边倒的质询,学界内外普遍批评这是一次极端违背伦理的实验。会后,贺建奎从公共视野中消失,直至2019年12月30日,深圳市南山区人民法院在不公开开庭审理后宣判,贺建奎因其行为构成非法行医罪被判处有期徒刑三年。在判决中,法院特别强调:贸然实施人类生殖

---

[1] See Marilynn Marchione, "Chinese Researcher Claims First Gene-Edited Babies", Associated Press, 2018, https://www.apnews.com/4997bb7aa36c45449b488e19ac83e86d (Accessed: May 8th, 2024).

系基因组编辑的行为"逾越科研和医学伦理道德底线"。①

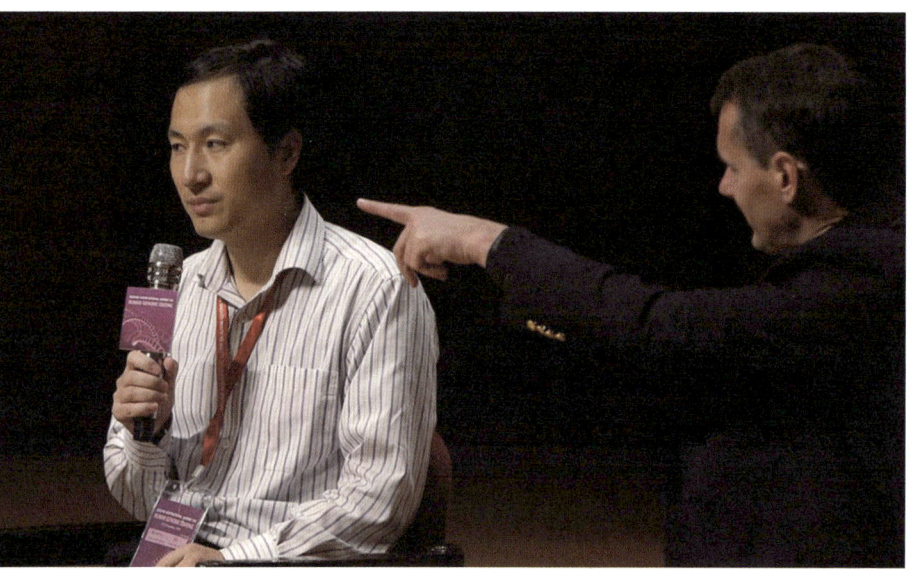

图一　贺建奎在第二届国际人类基因组编辑峰会②

这起"基因编辑婴儿事件"已经过去多年,然而,我们是否真的理解什么是它所逾越的伦理道德底线、什么是它所违背的伦理原则吗？再有相关的技术突破出现的时候,我们的媒体和公众能在第一时间意识到其中的巨大伦理风险吗？或者,我们付出了足够的努力以避免类似的践踏基本伦理准则的事件再发生吗？

---

①　参见王攀、肖思思、周颖：《"基因编辑婴儿"案一审宣判 贺建奎等三被告人被追究刑事责任》,载新华网(http://www.xinhuanet.com/legal/2019-12/30/c_1125403802.htm),访问日期：2019年12月30日。

②　图源：https://newsroom.ap.org/editorial-photos-videos/detail?itemid=c4861b5b2a384c5f955b6b8a77839100&mediatype=photo,访问日期：2024年6月4日。

过去的几年中,我们读到过很多涉及人类基因组(尤其是可遗传基因组)编辑必要性、安全性和有效性的讨论,也听到过很多担心人类自然本性的神圣价值受到侵犯的情感焦虑倾诉,但更深层的伦理风险和这些情感反应的合理依据却很少得到公众关注;与此同时,在很多科学家和民众眼中,人类基因组编辑技术在治疗和预防疾病、增强人类基本能力等领域仍然有着巨大的应用前景,如果因为没有根据的伦理担忧甚至是固有的伦理偏见而阻碍新技术的发展和应用,那似乎同样得不偿失,而且在一定意义上也是在伤害着深受遗传疾病困扰的人群。例如因 CRISPR/Cas9 技术而获得诺贝尔化学奖的珍妮弗·A. 杜德纳就曾同情地提到过这样一种主张:"终有一天,我们会认为,不对生殖细胞系进行基因编辑来缓解人类的痛苦,才是不道德的。"① 这种观点虽然出现在贺建奎事件之前,但在今天仍然不乏支持者。多年过去,随着舆论热度的消退,这些伦理反思和争议渐渐淡出了公众领域,成为少数相关从业者才会关注的话题。然而,如何在技术发展和伦理风险中保持平衡,整个社会显然并没有达成有效的共识。

以上种种,都决定了我们有必要重新审视人类基因组编辑可能带来的伦理后果。在下面的讨论中,本文将从必要性、安全性和有效性,公正与平等,知情同意权,人类基因组的道德地位等方面来进行全面的考察。它将向我们表明,人的尊严作为人的基本

---

① 〔美〕珍妮佛·杜德娜、〔美〕塞缪尔·斯滕伯格:《破天机:基因编辑的惊人力量》,傅贺译,袁端端校,湖南科学技术出版社 2020 年版,第 10 页。(原著出版于 2018 年贺建奎事件之前。)著名生命伦理学家朱利安·萨乌莱斯库(Julian Savulescu)也有类似的主张,见该书,第 215 页。需要指出的是,杜德纳和萨乌莱斯库都激烈批评贺建奎的作为,参见 Henry T. Greely, *CRISPR People: The Science and Ethics of Editing Humans*, The MIT Press, 2021, p. 110。

权利的根基,乃是相关伦理争议的核心内容。通过对尊严概念的分析,将在全面展示人类基因组编辑技术的常见伦理风险的同时,揭示一种尚未被充分重视的、更为深层的伦理挑战,即对人之个体存在与个体尊严的考验。

一、基因组编辑技术的必要性、安全性和有效性

颇为反讽的是,贺建奎自己倒是表现得很在意伦理上的争议,尤其是尊严概念。媒体首次报道基因编辑婴儿事件的当天,英文杂志 *The CRISPR Journal* 刊发了一篇以贺建奎为主要作者的论文,题为《治疗性辅助生殖技术伦理原则草案》(Draft Ethical Principles for Therapeutic Assisted Reproductive Technologies)。而在他当日发布的视频中也有一条与此同题。在该论文和视频中,贺建奎阐述了他所认为的五条核心原则:(1)"悲悯之心":基因手术有时是治疗遗传疾病和使一个孩子免于终身痛苦的唯一途径;(2)"有所为更有所不为":基因手术只能用来治疗或预防严重疾病,不能用于满足虚荣、增强能力(enhancement)或性别选择等目的,同时基因手术所带来的风险不应超过相关的医疗需求;(3)"探索你自由":尊重接受基因手术的孩童的自主性(autonomy)和平等权利,亦即他或她的尊严;(4)"生活需要奋斗":基因并不能预先决定我们的成就,我们需要通过奋斗实现自己的幸福。"无论我们的基因如何,我们在尊严和潜能上是平等的。"(5)"促进普惠的健康权":基因治疗技术有义务惠及不同背景的家庭。①

---

① 该文已于 2019 年 2 月底被撤稿,理由是作者在投稿时未申明他在进行修改人类胚胎基因以辅助生殖的实验,存在相关利益冲突。以上概述参见 Henry T. Greely, *CRISPR People: The Science and Ethics of Editing Humans*, The(转下页)

今日重读这些伦理原则难免产生强烈的荒谬感：它们直接针对人类基因组编辑技术伦理争议中常见的痛点，如基因编辑技术可能带来的巨大医疗价值、人们对基因决定一切的恐惧、对尊严和平等的渴求，等等。这几条有的放矢，至少为相关技术的应用提供了一种表面上可以获得辩护的立场。与此同时，当我们用它们来检视贺建奎的实验时，就会发现他从一开始就在践踏自己所高举的原则，尤其是前两条。

首先，编辑露露和娜娜的 CCR5 基因并不是使她们免于感染 HIV 的唯一途径。因为她们的母亲并未感染 HIV，而她们的父亲所携带的 HIV 存在于精液的精浆中，精子本身并不携带 HIV。在通过药物控制父亲携带的病毒量的前提下，完全可以通过更为安全可靠的"洗精"技术将精子与精浆分离，再通过体外受精的方式确保试管婴儿不会感染 HIV。或许贺建奎和他的支持者可以进一步主张，通过修改胚胎中的 CCR5 基因，只要实验成功，露露和娜娜不仅不会感染 HIV，而且具备了对 HIV 先天免疫的生理优势，且有一定的可能使她们的后代也对 HIV 免疫。然而，这并不足以在伦理上为他的实验提供辩护，因为所谓生理优势已经是一种实质意义上的增强，这恰恰是他自己主张的第二条原则所反对的。[1] 当然，是否一切涉及增强的人类基因组编辑都应被禁止，这本身确实是一个可以探讨的话题。更重要的是，即使对 HIV 免

（接上页）MIT Press, 2021, pp. 96–98。各原则的中文表述可参见优酷视频（https://v.youku.com/v_show/id_XMzkzNzM4OTgzMg==.html），访问日期：2024 年 5 月 8 日。

[1] 诺贝尔奖得主马里奥·卡佩奇就曾明确地将对 HIV 免疫看作一种增强，见 Françoise Baylis, *Altered Inheritance: CRISPR and the Ethics of Human Genome Editing*, Harvard University Press, 2019, p. 48。

疫是一个值得追求的生理优势，修改人类胚胎中的基因也不是实现它的唯一途径。"柏林病人"和"伦敦病人"的例子已经证明骨髓移植同样可以做到这一点，一些前沿研究也表明有可能通过基因编辑成体干细胞来实现它，而这两种方案都不会涉及贺建奎事件中广受争议的可遗传基因组编辑。①

其次，在争论所谓"基因手术"或可遗传基因组编辑在医疗上是否必要时，我们已经触及了上述技术应用的风险和收益问题。因为通常只有在没有其他可行选择的情况下，人们才会冒巨大的风险，接受后果难以预料的人体试验或选择尚未得到认证的全新治疗方式。例如上文提及的"柏林病人"和"伦敦病人"都是在同时罹患艾滋病和癌症的情形下，为了治疗癌症而不是治愈艾滋病才接受了骨髓移植这一高风险的治疗手段。然而，这显然并不适用于露露和娜娜，因为还有其他的方式可以帮助她们避免出生时感染HIV。而且，即使我们再次假设对HIV的先天免疫值得追求，它相比出生时不感染HIV所具有的额外收益也是有限的，该收益与接受可遗传的基因组编辑所带来的风险相比，完全不值一提。这也直接违反了贺建奎对他的第二条伦理原则的阐释。

---

① "柏林病人"指蒂莫西·雷·布朗（Timothy Ray Brown），他于1995年在德国柏林被确诊携带艾滋病病毒，2007年又患上了急性骨髓性白血病，因此需要接受骨髓移植。为他捐赠骨髓的人恰好携带有CCR5基因突变，从而使布朗在接受骨髓移植后意外地清除了体内的艾滋病病毒，成为全球首例艾滋病治愈者。"伦敦病人"指亚当·卡斯蒂列霍（Adam Castillejo），他同时患有艾滋病和淋巴瘤。2016年，他的医疗团队特意选择了携带有CCR5基因突变的骨髓捐赠者，使卡斯蒂列霍在接受骨髓移植后成为第二例艾滋病治愈者。

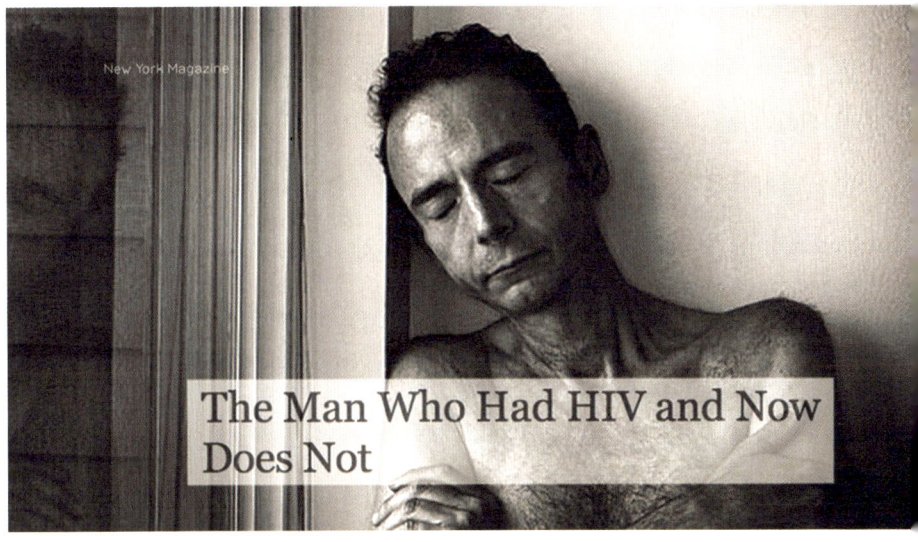

图二 "柏林病人"蒂莫西·雷·布朗,全球首例艾滋病治愈者[①]

这里有必要啰唆两句露露和娜娜需要面对的是何种风险,因为它在相关的收益评估中关系重大。(1)基因编辑成功命中目标即修改 CCR5 基因成功之后可能带来的后果。目前的研究表明,经过成功编辑的 CCR5 基因会功能丧失,它会让携带者对西尼罗河病毒、流感病毒更为敏感,甚至有可能缩短她们的寿命。[②](2)基因编辑"脱靶"所带来的后果。"脱靶"意味着相关技术的应用未能实现预期的基因变化,或者带来了预料不到的基因变化。非常遗憾的是,露露和娜娜的情形正是如此,其中一位的两个 CCR5

---

① 图源:http://berlinpatientfilm.com/synopsis。

② See Henry T. Greely, *CRISPR People: The Science and Ethics of Editing Humans*, The MIT Press, 2021, pp. 237–238.

基因出现了前所未有的突变，而另一位只有一个CCR5基因得到了编辑，但也没有得到所预期的结果。(3)上述结果同时也表明，基因组编辑技术最大的风险或许正是我们目前尚不可知的风险。无论基因编辑是成功还是脱靶，即使它所针对的只是某个特定的基因，它在整个人类基因组中所带来的深远后果也有很多未知数。(4)更糟糕的是，与其他的医疗手段不同，基因编辑一旦完成，就再难挽回。而当它所涉及的是可遗传的生殖细胞时，它所危害到的就不仅仅是一个个体，而且可能有未来的世代。

二、基因组编辑技术的社会公正与平等问题：后果主义视角

以上讨论直接关系到的是基因组编辑技术的必要性、安全性、有效性和风险规避，它们也是过去两年中公众和科学家们在争论该技术的道德正当性时最关心的话题，而这些话题又都可以归结为基因组编辑技术的效用或者后果。我们常常不加反思地通过一个事物可能造成的后果——尤其是当下的、直接的、可见的后果——来衡量该事物的好坏，通过权衡利弊来决定是否将一个新技术付诸实践。一个朴素的想法是：只有当一个事物会让我们生活的世界变得更好，它在道德上才是正当的。这种主张在哲学上常被称作后果主义（consequentialism），它源自边沁、密尔等人所开创的功利主义传统。这里的"功利"指的并非一个人在行动中所追求的个人利益或一种不择手段追求利益的自私态度，而是一个行动会对人类社会产生的效用或者后果，尤其是它会带来的快乐或痛苦。在功利主义看来，谈论一项技术在道德上对不对，却不谈它的效果好不好，这是一种流氓行径。

功利主义的主张很贴合我们想要通过事物的利弊来客观中立地判断它是否在道德上可行的朴素想法：贺建奎或其他基因组编辑科学家们所宣称的道德原则再冠冕堂皇，他们的动机再无私再高尚，只要该技术所产生的后果或者可预想的后果弊大于利，它在道德上就不应该得到许可。这种想法是否周全暂且不论，但从后果主义的立场来看，此前的伦理分析就显得有些狭隘了。

功利主义有句著名的口号，叫"为了最大多数人的最大幸福"。它要求我们在谈论一个行动的道德后果时，不仅仅要考虑行动的参与者、行动直接作用的对象，而且要尽可能全面地考虑其他利益相关者，考虑它可能影响到的最大多数人群。我们不能只谈直接后果，而且必须考虑可以预见的间接后果。这时候，社会公正与平等就会成为评估新技术道德正当性的重要参数。

其实，贺建奎提到的后三条原则，尤其是最后一条"促进普惠的健康权"就已经触及这一点。和其他高新技术一样，基因组编辑技术是昂贵的。让我们假定未来有一天，编辑人类胚胎的某个基因是安全有效的，同时也是胎儿摆脱父母所患相关遗传疾病的唯一途径。从胎儿及其父母的角度考虑，接受基因编辑治疗或许是对他们最有利的选择。然而，考虑到目前基因疗法动辄数百万美元的天价，这种新技术的市场价格非常可能是大多数人无法承受的。它的应用就很可能将那些低收入家庭排除在外，造成同一个社会承受同一种疾病折磨的人群在健康权上事实的不平等。当然，我们可以尝试通过医保或其他福利途径来让尽可能多的人群受惠。然而，在一个给定的社会共同体中，它所能支配的资源总量是有限的。因此,当它向某种遗传疾病及新的基因组编辑技术倾斜时,这势必会影响到其他需要社会资源的人群。在这种情形下,对于最大多数人的最大幸福而言,究竟是禁止、许可还是推广基因组编辑技术才是最佳选择,答案并不一目了然。更关键的是,谁有权来做出决断?

在有关基因组编辑技术的直接效用尤其是其安全性的评估中,我们实际上默认了以科学家为代表的专家群体的权威地位。我们会质疑某个科学家的个别判断,但不会因此否认整个科学共同体的话语权。但是,当我们将该技术的间接后果尤其是社会效应考虑进来时,我们就必须保障不同背景人群的平等发言权,从而获得最广泛的社会共识。

我想举一个西方世界已经注意到但在汉语世界并未得到充分关注的例子,来说明达成社会共识会有多难。据世界卫生组织统计,目前全球有超过5%的人口(约4.3亿人)患有中度以上的听力损失需要康复治疗,其中约60%的婴儿听力损失与遗传因素有关。我们因此会不假思索地认为,遗传性耳聋是一种严重的[①]基因疾病,又有数目如此众多的人受其困扰,如果有一种安全有效的基因组编辑方案可以一劳永逸地帮助人类根除遗传性耳聋,让更多人过上正常的生活,它无疑会大大促进人类社会的福祉。然而,某些聋哑人并不这么认为:他们担心这种技术的应用会导致使用手语的人群急剧下降,聋哑人群会被进一步边缘化,相应的歧视也会随之增强,进而导致已有的聋哑社区和文化传统走向

---

① See Françoise Baylis, *Altered Inheritance: CRISPR and the Ethics of Human Genome Editing*, Harvard University Press, 2019, pp. 68–69.

衰败。有的激进人士甚至宣称,治疗遗传性耳聋的基因组编辑技术会造成一场文化大屠杀。

我们该如何对待这样的声音呢？我个人并不认为上述主张本身足以成为禁止相关技术研究和开发的正当理由,因为这样的禁令同样会侵犯那些希望自己的后代免于听力残疾的聋哑人的权利,尤其是剥夺他们在不同的文化和生活方式中进行选择的权利。此外,新技术的应用并不是造成歧视的直接原因,需要被纠正的是人们差别对待少数人群的态度和行为,而不是那些可以改变少数人群身份的技术工具。但是,正如加拿大生命伦理学家弗朗索瓦西·贝利斯(Françoise Baylis)所见,"这里的关键是我们有关'正常'的定义是社会构建而成的,并不是所有人类共同体的成员都把失聪看作一种亏缺或者缺陷"[①]。即使我们不认同他们的主张,我们也会倾向于认为有义务尊重他们的声音和对自己生活方式的选择,通过恰当的协商方式来和他们讨论基因组编辑技术可能产生的社会效应,进而达成真正意义的共识,而不是越俎代庖地为他们及其后代规划"正常"的未来。新的技术也不应威胁到聋哑人的身份认同以及与此相关的文化多元性。

遗传性耳聋的例子足以向我们说明,在判断什么是人类的福祉上,人类共同体内部可能存在着难以弥合的分歧。就通常而言的疾病和疾病的预防尚且如此,就那些涉及我们身体、智力甚至道德能力的增强而言就更是如此。和"正常"的定义是由社会构建的一样,"增强"的定义同样如此,我们对于何谓增强也很难达

---

① Françoise Baylis, *Altered Inheritance: CRISPR and the Ethics of Human Genome Editing*, Harvard University Press, 2019, p. 69.

成共识。例如记忆力常常被看作一种重要的认知能力,现在就有人热衷通过药物来增强记忆力。然而,那些经历过心灵创伤的人就未必会做这样的选择。

不过,人们依然热衷根据当下流行的"增强"的定义,去想象未来通过基因组编辑技术改变人们的体力、记忆力、艺术创造力、计算能力,等等。与此同时,人们最主要的担忧也还是它对社会公平与正义的威胁:进一步固化阶层分化,产生新的等级社会;特别是当上述的特征可以遗传时,基因组编辑技术甚至会创造出近乎两个不同物种的人类,人人生而不平等,那些未经改造过的人类在生存竞争中往往会处于下风,诸如此类。这样的危险在基因组编辑技术得到广泛应用时确实存在,但一个当下的事实是,我们目前还不知道什么样的单个基因突变会明确地带来人类自然能力的增强。[①] 以上担忧距离现实过于遥远,更适合科幻作品的想象,而不是以制定当下科技监管政策为导向的伦理反思。

三、基因组编辑技术与尊重自主、知情同意:义务论视角

回到遗传性耳聋的例子。在先前的分析中,我们认为有必要尊重聋哑人的自我身份认同和他们对未来生活的规划,即使这些只是极少数人的主张。这是因为我们相信,只要不侵犯他人的合法权益,每个人都有平等、自主判断和选择自己的生活方式的权利。我们将会看到这也正是人的尊严所在,而贺建奎提出的第三条和第四条原则也以不同的方式肯定着这一道德直觉。

[①] See Henry T. Greely, *CRISPR People: The Science and Ethics of Editing Humans*, The MIT Press, 2021, p. 239.

敏锐的读者或许已经意识到,功利主义所主张的"为了最大多数人的最大幸福"原则并不能非常直观地容纳上述直觉。单纯从统计的角度看,大多数人并不会怀疑根治遗传性耳聋对人类而言利大于弊,按照功利主义原则,我们就应该毫不犹豫地忽略少数聋哑人对自身尊严的要求,捍卫相关基因组编辑疗法的道德正当性。然而,我们的良知至少会让我们感到犹豫和困惑。这其实也是经典功利主义常常被人诟病之处:它有时会要求我们去践踏某些原则,那些我们认为在任何情况下都不能逾越的道德原则。后者常常被看作我们的道德义务,任何违背它的行为在道德上都是不正当的。例如不可杀害无辜者,哪怕可以此拯救更多的人。一艘救生艇在海上飘流多日,食物即将耗尽,杀死船上一个无辜的人显然会增加其他人幸存的概率,但我们仍然倾向于认为这种谋杀在道德上是不正当的,除非受害者自愿牺牲。这种坚持道德义务绝对性的主张,常常被称作义务论(deontology)。它同样体现为一个朴素的想法:某些道德原则不可让步,任何在它面前权衡利弊的做法本身都是在亵渎道德。

后果主义和义务论的分歧由来已久,以上给出的也是最为粗线条的简化描述。这种分歧长期存在的一个重要原因,就是我们的道德生活的复杂性:对于同一个事件,我们会从不同的角度切入,产生不同的道德直觉。这些直觉之间可能包含着冲突,而道德生活往往是它们相互妥协的结果。我们无须陷入其中的理论纠葛,因为在考察基因组编辑技术的道德风险时,重要的是通过这两种理论去展示那些我们在日常道德实践中所奉行的基本法则:在后果主义所推崇的尽可能让世界变得更好的想法之外,我们还会像义务论者那样认为所有人的自主选择只要不伤害他人就应当得到尊重。而人要能做出自主选择的一个重要条件是,他或她应当对所选择的行动及其后果有充分恰当的认识。在生命医学伦理的实践中,从尊重自主原则也因此可以引申出一个重要原则,即知情同意原则。它要求人们在接受治疗时有行动的能力、获得充分的信息、能够恰当理解被告知的信息、自愿同意医疗干预。[①]

让人吃惊的是,贺建奎的五条核心原则并没有明确提及知情同意,而他后来的实践也肆意践踏了这一生命伦理的基本准则。贺建奎声称参与实验的都是受过良好教育的志愿者,他花了70分钟与他们沟通实验内容,他们也理解相关风险,并最终签署了知情同意书。然而,根据先前对基因编辑CCR5技术与其他传统生殖辅助技术的比较,我们很难相信这些参与者获得并且理解了相关的、充分的信息。贺建奎还提到他在胚胎移植前检测到一个潜在的脱靶位点,双胞胎中有一个婴儿的基因编辑并不成功,他告知了志愿者父母,后者仍然坚持继续胚胎移植并完成生育。这无疑让人更加怀疑志愿者是否理解了整个实验的内容及其意义。此外,一个必须考虑的事实是,HIV携带者在中国是不得实施辅助生殖的,他们必须支付高昂的出国医疗费用来获得辅助生殖服务。贺建奎很可能是利用了参与实验者期望免费获得自己孩子的利益诉求获取了他们的同意,而这种利诱下的同意很难算作严格意义上的自愿行动,因为这种利益关系和父母们的志愿者身份显然是冲突的。

[①] 参见〔美〕汤姆·比彻姆、〔美〕詹姆士·邱卓思:《生命医学伦理原则(第5版)》,李伦等译,北京大学出版社2014年版,第79页。

当人作为被试参与科学实验时，知情同意和伦理审查一样，总是牵扯到复杂甚至烦琐的细节，它有时会降低科研的效率，甚至妨碍某些项目的开展。然而，这些貌似烦苛的要求都是在保证我们审慎地对待这些具有重大伦理风险的实验，确保它们至少不会践踏参与者做出自主选择的基本权利。这一点在生殖系基因组编辑技术中尤为重要，因为该技术直接作用的对象是胚胎和尚未出生的婴儿，他们本身无法进行知情同意，而且由于这些被编辑后的基因还可以遗传，那些未来可能受其影响的世代同样无法进行知情同意。在一定意义上，甚至可以说露露和娜娜的父母是在为人类的未来做出选择。

需要特别提到的是，有人或许会据此认为，因为胚胎和未来的世代无法对生殖系基因组编辑做出有效的知情同意，没有其他选择的可能，这一类实验从根本上就是在践踏尚未出生的人们自主选择的权利，也因此是不道德的。这样的反驳显然忽略了以下事实：以自然方式出生的婴儿和未来的世代同样没有办法选择自己的父母，选择自己继承的基因和生物属性。父母通过自愿的结合替他们做出选择，这在绝大多数情况下是无可厚非的，起诉父母未经同意生了自己的行为荒谬到不值一驳。此外，在目前广为接受的体外人工授精技术中，父母可以在不同的胚胎中选择要移植的一个，而且可以通过胚胎植入前基因诊断（Preimplantation Genetic Diagnosis, PGD）等技术来避免植入已知基因异常的胚胎。如果只是通过 PGD 来排除植入的胚胎患有那些会严重缩短寿命的基因疾病，如囊性纤维化（Cystic Fibrosis, CF），而不是正面选定某种特殊的基因类型，那么，除了一般性地反对体外人工授精技术的某些宗教信徒,这样的人工干预通常并不会受到道德非议。因此,就以人工的方式为胚胎和未来的世代做出选择而言,生殖系基因组编辑和父母的自然结合、通过基因筛查和诊断来筛除基因异常的胚胎并没有本质区别。它们的区别在于选择得以实现的具体机制:后两种方式通常并不是直接地创造某种特定的基因突变,只是在已经偶然存在的基因组中进行选择,而且往往是不精确的选择。此外,以上的表述已经暗示了在自然生育和 PGD 辅助生育中都存在极端情形和例外情形,这些差异和例外是否会导致生殖系基因组编辑的道德属性发生根本变化,本文最后再谈。我希望以上讨论足以说明我们为未来的世代选择基因和生物属性,这一选择活动本身并不会伤害到未来者的基本权利。

四、人类基因组编辑与人的个体尊严

回到有关生殖系基因组编辑技术的一般伦理分析中,我们已经从必要性、安全性和有效性,社会公正与平等,知情同意与尊重自主三个方面分析了它需要遵循的伦理法则和应对的伦理风险。以上讨论虽然对贺建奎的鲁莽实验提出了尖锐批评,但并不认为 CRISPR/Cas9 技术本身以及它在生殖系细胞上的应用有任何内在的道德缺陷。然而,除此前已经提及的胚胎无法知情同意这一难以成立的反驳之外,还有一种广为流行的主张,认为人类基因组本身作为人类这一物种的构成要素,具有内在的道德价值,对它进行任何人为的改动都是对该内在价值的冒犯。这种主张将人类基因组看作某种神圣的馈赠不可侵犯,而非一

定要有神创论的背景,它常常会引用联合国《世界人类基因组与人权宣言》(The Universal Declaration on the Human Genome and Human Rights)的说法,将人类基因组看作"人类的遗产",认为任何人为地修改人类基因组的行为都会危及人类大家庭所有成员的统一性或者人类的生物身份,甚至是人性本身,应当严格予以禁止。①

然而,已有学者指出,这样的主张包含着对人类基因组和基因组编辑技术的根本误解。首先,正如《世界人类基因组与人权宣言》所指出的,具有演化性特征的人类基因组本身就处在变化之中,它在自然状态中会发生突变。我们所接受的这份遗产并不是固定的:即使没有人类科技的干预,它未来也将随着自然和社会环境的变化而变化。其次,以 CRISPR/Cas9 为代表的基因组编辑技术并不必然带来非自然的基因组修改,它可以用来将不那么常见的人类基因修改为更常见的类型,或者像贺建奎所尝试的那样反其道而行之。这些技术的实施,如果不带来自然界未曾出现过的突变,它就不会威胁到人类基因组的统一性。②此外,如果我们拒绝接受基因决定论的立场,就不能将人性及其价值还原为人类基因组,也不能认为修改了我们的基因就必然导致我们自然本性的变化。

---

① 参见联合国大会:《世界人类基因组与人权宣言》,1998 年,第 1 条,中文本见 https://www.ohchr.org/CH/Issues/Documents/other_instruments/61.PDF。这种反驳意见参见 Henry T. Greely, *CRISPR People: The Science and Ethics of Editing Humans*, The MIT Press, 2021, p. 209。

② See Henry T. Greely, *CRISPR People: The Science and Ethics of Editing Humans*, The MIT Press, 2021, pp. 209–214.

换个角度来看,我们也不难理解为什么人们会愿意赋予人类基因组本身近乎神圣不可侵犯的内在价值。在之前有关道德后果和道德原则的分析中,我们已经看到了人的尊严在道德实践中的奠基性作用。我们之所以关心人类基因组编辑技术应用中的公正与平等原则,正因为人的尊严决定了每个人无论基因如何都应当得到平等和公正的对待;而我们不厌其烦地强调知情同意的细节,正是因为它是自主选择的必要条件,而自主选择之所以被看作绝对不容侵犯的道德原则,正因为它是每个人尊严的内在体现。所谓尊严,就是人的内在价值,它是人与生俱来的权利,在任何条件下都应得到尊重。如果我们不认为人的尊严只是人类社会构建的结果,而相信它扎根于人性之中,就会很自然地认为那规定了人之所以为人、将人与其他动物区别开来的本质就是尊严之所在。人类基因组包含了决定人类生物结构与功能的全部基因,它很容易被看作尊严的物质基础。当然,这往往预设了基因决定论的错误主张:我们就是我们的基因。

尊严为我们的道德实践奠基,然而尊严本身的含义却是含混的。我们已经看到了不同立场的论者都会诉诸人的尊严来为自己的主张辩护:贺建奎声称他的行为是对胎儿未来自主权的尊重,让他们在基因手术后可以不受相关疾病困扰,过上自由的、有尊严的生活;但是更多的反对者则认为让胎儿置于未知的、毫无必要的基因风险之下本身就是对其尊严的侵犯,更有人断定编辑和设计人类胚胎未来的基因侵犯了人类这一物种的神圣和尊严。这些相互冲突的修辞让人质疑"尊严"作为道德哲学概念自身的合法性,怀疑它是不是毫无用处的陈词滥调。

在结束讨论之前，笔者认为有必要对尊严的概念做进一步的界定。首先，人的尊严之所以能为人的基本权利奠基，成为道德实践的根据，是因为它作为人的内在价值具有不容侵犯的特征。当我们说人的尊严不容侵犯时，我们表达的并不是人的尊严不会被侵犯，而是它不应该被侵犯。那么，人的尊严在什么情形下才会被侵犯呢？我想要引入德国里德学派的一个洞见：人之所以有可能受到他人的侵犯，这是因为"人类并不是漂浮在虚空中的主体"，而是拥有能够经受痛苦的生理和心理本性的行动者，或者更直白地说，是因为人有一个脆弱的身体，人的自我实现必须依赖这样一个身体的存在。没有身体，就无所谓尊严。① 当然，这里的身体同样不能还原为基因组，但人的身体显然不能离开特定的基因组而存在。

篇幅所限，我想再引入一个有关尊严的区分，来帮助我们反思生殖系基因组编辑可能会对人的身体及其尊严提出的严峻挑战。我们有必要区分人类作为物种的尊严和人类作为个体的尊严。前者毫无疑问是更有争议的，因为它暗含了人类中心主义的预设，而且认为可以根据某种人所特有的生物属性来为人的内在价值提供物质基础。人类作为物种的尊严在哲理上是很难得到有效辩护的，因为构成我们的物质要素和构成其他物质存在的要素并没有根本区别，我们没有任何理由因为人类基因组的独特性

---

① See Robert Spaemann, *Love & the Dignity of Human Life: On Nature and Natural Law*, William B. Eerdmans Publishing Company, 2012, pp. 32–33;〔德〕瓦尔特·施瓦德勒:《论人的尊严——人格的本源与生命的文化》，贺念译，人民出版社2017年版，第132页。

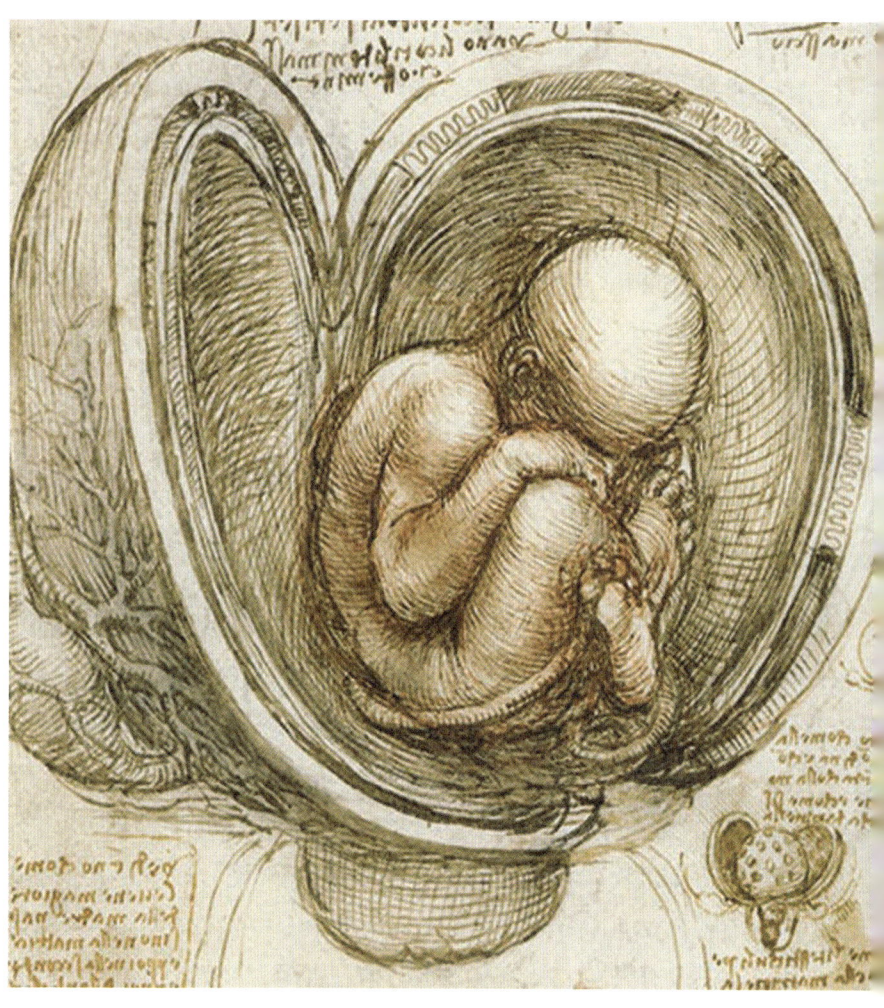

图三 [意]列奥纳多·达·芬奇:《子宫中的胚胎研究》

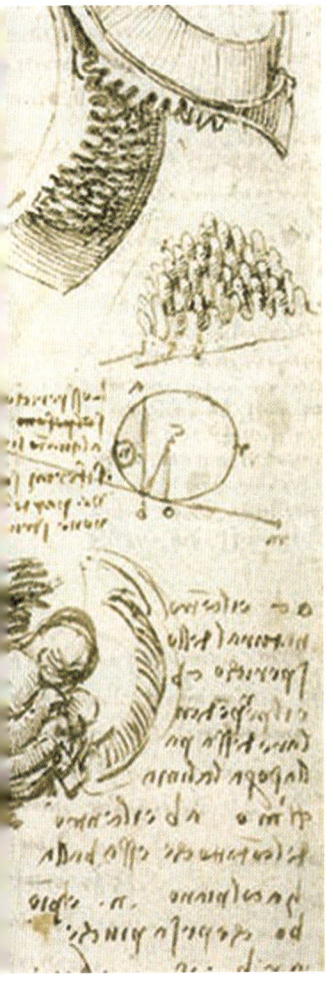

就宣称人类在道德实践中值得被特殊对待。①

回到前文的论述,我们会发现,真正在道德实践中起奠基作用的尊严概念,指的并非人类作为物种的独特性,而是每个人类个体自身因其存在就具有的内在价值:它要求得到公正和平等的对待,它最明确地要求通过自主选择来实现自身的尊严和价值。这种尊严和价值属于每一个独特的人类个体。

也正是在这里,生殖系基因组编辑会带来严峻的伦理挑战。此前已经提到,与胚胎移植前基因筛查和诊断技术不同,生殖系基因组编辑并不是在现存的、偶然形成的基因中进行选择,剔除那些我们不想要的基因突变,而是在有意地参与创造一个本来并不存在的、具有特定基因属性的胚胎,它将成长为独立的人类个体。这种特定的选择方式直接因果性地导致了未来的孩子具有特定的基因和生物属性,我们可以很明确地将该属性归因于特定的基因组编辑活动,而不是

---

① 与此相似的区分及对人类物种尊严的批评,参见 Deutscher Ethikrat, "Intervening in the Human Germline: Opinion: Executive Summary and Recommendations", translated by Aileen Sharp, https://www.ethikrat.org/en/publications/publication-details/?tx_wwt3shop_detail%5Bproduct%5D=119&cookieLevel=not-set(Accessed: May 9th, 2019)。

像在通常的自然生育中那样承认偶然性(或者自然)在其中的主导作用。

这一事实归因上的变化会给我们与人之身体尊严密切相关的道德实践带来什么样的冲击呢？或许一些类比和例子可以帮助我们思考。在常见的自然生育中,父母并不能精确地决定后代特定的基因,但至少在理论上存在例外。让我们设想这样一种极端情形,一对夫妇清楚地知道他们双方都患有某种隐性遗传疾病,这决定了他们的后代必然具有同样的致病基因。在这种情况下,他们仍然选择生育,此时,他们的孩子难道就没有权利谴责父母侵犯了自己的权利、有意损害了自己身体的尊严吗？再来考虑我们提到过的拒斥基因疗法的聋哑人的例子,当一对聋哑人夫妇尝试通过胚胎植入前基因筛查和诊断来刻意选择包含着致聋基因的胚胎进行移植,或者反向利用生殖系基因编辑治疗技术,有意地创造出具有致聋基因的胚胎,以保障现有聋哑文化的传承,我们会允许他们这么做吗？我们有什么样的道德理由禁止他们呢？如果我们断言这样的极端做法有意侵犯了尚未出生的后代的身体尊严,那么,它们与那些在道德上可以允许的生殖系基因组编辑之间的界限在哪里呢？

当我们尝试通过胚胎植入前遗传学筛查和诊断、生殖系基因组编辑等技术手段干预人的生育过程时,我们事实上就在将过去自然生育中极端情况下才会出现的情形变成更为常见的现实,即通过自己的选择活动有意地创造一个有特定生理属性甚至特定心理属性的孩子,定制他们的肤色,选择他们的记忆力、绝对听觉,甚至特定的道德情感,等等。我们不仅改变了父母与后代之间的生物属性的因果依赖方式,而且从根本上改变了过去的亲子伦理关系。当我们后代的身体属性越来越在父母的掌控之中而不再单纯是偶然造化的产物时,他们作为个体存在的不确定性也会越来越小,他们通过自主选择来自我实现的空间也会受到限制,而这一切都会威胁到他们作为个体所应享有的尊严和权利。与此同时,掌控一切的父母需要承担的道德责任也会越来越大。

面对这样的未来,我们真的准备好了吗?

图四 〔意〕米开朗琪罗:《创造亚当》

基因编辑改写了生命的本质吗?

——从基因本质主义看基因编辑

陆俏颖

陆俏颖

  陆俏颖，北京大学哲学系科学技术哲学教研室助理教授，2020—2021年博古睿学者。硕博就读于中山大学哲学系，其间多次赴澳大利亚悉尼大学访学交流，主要从事有关基因概念和演化论的哲学研究，她的博士学位论文试图回应表观遗传现象对现代演化综合的挑战。2016年毕业后作为专职科研人员留校任职，在此期间，她对基因作为自然选择的单位、遗传率消失之谜、拉马克主义的复兴等话题作出了进一步探讨。2019年入职北京大学哲学系后，她开始关注演化进路下的最小认知概念，以及运用因果结构模型对基因的因果性问题（基因决定论、先天/后天之争等）作出细致分析。她与Pierrick博士发表于 *British Journal for the Philosophy of Science* 的论文 "The Evolutionary Gene and the Extended Evolutionary Synthesis" 获得 BJPS 2018 高引论文；发表于 *Philosophy of Science* 的论文 "Dissolving the Missing Heritability Problem" 被斯坦福哲学百科（Stanford Encyclopedia of Philosophy）词条"Heritability"作为重要观点引用介绍。

人们在认识地球生命时,似乎会不可避免地认为,生物具有其本质,该本质决定了个体的性状和行为。以达尔文演化论为核心的现代生物学,则把基因看作生命的本质,在此基础上去理解其他生命现象(比如遗传、发育等)。在基因本质主义者看来,基因编辑是对生命本质的改变,而本质的变化必然导致严重的后果。二十一世纪以来,经验研究成果在总体上却呈现出反基因本质主义的趋势。这迫使我们需要在理解基因编辑时,反思基因本质主义,以避免这一认知偏见造成过度的影响,放大我们对基因编辑的未知风险的恐惧。

"基因"一词始见于1909年,最初指孟德尔理论中的遗传单位。到1953年,沃森和克里克发现了DNA分子的结构。DNA"完美"的分子结构让它成为基因的"代名词",打开了分子遗传学的大门,也使分子生物学、生物化学、基因组学、蛋白质组学等学科迅猛发展起来。毫不夸张地说,整个二十世纪对生命科学研究而言就是"基因的世纪"。今天,基因是遗传物质已经成为"常识"。即便是毫无生物学基础的人也能随口聊聊基因。在各种叙述中,基因常常与"生命之书""生命密码"等说法联系在一起。似乎有了基因,生命就有了最为本质的东西。

自二十世纪八十年代以来,生物学家一直在探索和改进人工修改基因的手段,也就是我们常说的基因编辑技术。2020年,两位女性科学家埃玛纽埃尔·沙尔庞捷和珍妮弗·A.杜德纳凭借CRISPR基因编辑技术获得诺贝尔化学奖。可以说,CRISPR的发展为基因编辑注入了一剂猛药。对于无药可医的先天性遗传病,CRISPR被认为是最具前景的治疗手段。那么,基因编辑尤其是CRISPR等新技术的发展和应用,是不是改写了生命的本质?退一步说,生命真的有本质吗?如果有,那是基因吗?如果没有,我们为何会有基因本质主义的认知?本文会从生物学哲学的视角,探讨现代生物学是如何通过"基因"来理解生命的,并进一步讨论我们是"如何"以及"应该如何"理解基因编辑(尤其是人类基因编辑)对生命的影响。

生物学哲学(philosophy of biology)是科学哲学的一个分支,科学哲学是对科学的哲学思考,生物学哲学就是对生物学的哲学思考。目前生物学和生物学哲学之间并没有清晰的界限,两个学科的交流非常密切。但我们可以大致区分两者:任何与生物相关的问题,只要是生物学家不怎么关心的或者暂时无法用经验方法解答的,都属于生物学哲学的话题。与注重经验研究的生物学家不同,哲学家主要采用理论分析的方法。

一、遗传现象与亚里士多德的生物本质主义

绝大多数的地球生命都具备繁殖的能力。单个生命体的寿命通常是有限的,所以个体需要通过繁衍才能得以延续。在繁殖过程中,亲代的某些生物特征(即性状,如皮肤和眼睛的颜色等)会有一定的概率被传递给子代。这种亲代与子代具有相似性状

的现象,我们称之为遗传现象。遗传现象广泛存在于生物界,所以需要我们给它一个合理的解释。

最符合直觉的解释是,亲代把某些物质传递给了子代,而这些物质影响了子代的发育,使它们呈现出与亲代相似的性状。最早的遗传理论"泛生论"就是基于这样的直觉。古希腊医生希波克拉底认为,身体的每个部分都包含一种特殊的遗传颗粒("种子"),决定了生物各部分的特征。当亲代身体的某个部分发生变化时,存在于其中的种子也会发生相应的改变,并遗传给子代。

但亚里士多德并不认同泛生论,他给出了很多有趣的反例。比如,根据泛生论,父亲长胡子的时候,这部分的种子就发生了变化;这些变化后的种子遗传给子代,会使新生儿一出生就有胡子。但是显然,新生男婴没有像父亲那样长胡子,胡子在青春期发育之后才会出现。亚里士多德认为,遗传不是简单的物质传递,而是"质料"和"形式"共同作用的结果。其中母亲的经血为胎儿提供质料基础,父亲的精液蕴含某种"赋予形式的原则"。这些原则决定了胡子只在男性发育的特定阶段才会出现,因此男婴不会长胡子。

在亚里士多德看来,"赋予形式的原则"作为生命的本质,决定了生物的本质属性;针对一个特定物种,这些原则决定了该物种的本质属性。因为本质恒定不变,所以物种的本质属性也不会变化。例如,长颈鹿的本质保存在长颈鹿个体中,并且恒定不变,它决定了正常的长颈鹿会长出长脖子。当然,生物还会具有一些偶然属性,这些属性由环境中的偶然因素导致。从长期来看,偶然属性可以忽略不计。因此,亚里士多德的观点也被称为"本质主义"。

二、达尔文与孟德尔的结合:基因本质主义

显而易见,亚里士多德的本质主义与生物演化理论是冲突的。演化论认为物种可以发生变化。达尔文在1859年出版的《物种起源》中提出了自然选择说来解释物种的演化。以长颈鹿的脖子为例,基于自然选择的演化过程大致如下:由于一些原因,鹿群中有些存在性状上的差异(这些差异也被称为"变异");长脖子长颈鹿食物的来源比短脖子长颈鹿更加丰富,所以成活的数量比短脖子的更多,生育的后代也更多;而长脖子个体倾向于生下长脖子后代,短脖子个体倾向于生下短脖子后代(变异可以遗传)。自然而然地,在下一代群体中,长脖子个体的占比就会上升。经过长期累积,短脖子个体会越来越少,最终被淘汰。

与亚里士多德的本质主义解释不同,达尔文演化论认为,长颈鹿有长脖子并非因为长脖子是其本质属性,而是因为自然选择让长脖子性状保留了下来。但达尔文没有回答,变异是如何产生的,变异又是如何遗传的。孟德尔的遗传理论完美地回答了这两个问题。二十世纪四十年代,达尔文演化论和孟德尔遗传学的结合催生了现代综合(Modern Synthesis,简称MS)理论。此后,MS理论作为生物学的范式理论一直处于支配地位。虽然MS理论在物种变化上反对亚里士多德的本质主义,但却在某种意义上延续了亚里士多德关于遗传的本质主义想法。

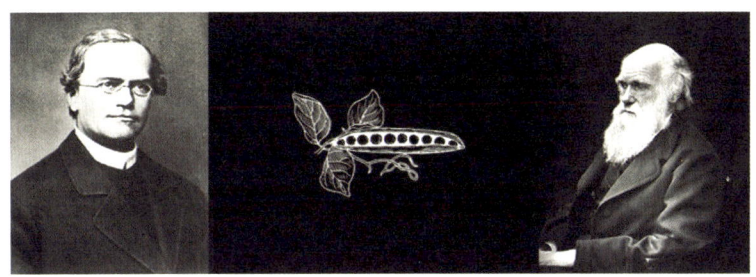

图一 孟德尔与达尔文

孟德尔遗传学的基本想法是，生物性状由体内的遗传单位或遗传因子决定，这些遗传因子在繁殖过程中保持不变。威廉·约翰森后来把符合孟德尔定律的遗传因子称为"基因"，并区分了"基因型"和"表型"两个概念。基因型指生物体的遗传原因，表型指由基因型和其他因素共同决定的可观察的性状。这样就可以解释遗传现象了，比如，亲缘关系相近的个体为什么具有相似的性状？因为它们拥有相似的基因，而基因决定了性状。

结合孟德尔遗传学后，MS 理论的演化解释中增加了基因的角色：群体中不同基因型的占比就是该群体的遗传结构，通过研究和计算群体遗传结构的变化，就可以解释和预测群体中表型的变化。换句话说：演化本质上是群体遗传结构的改变。因此，在 MS 理论的标准描述中，生物演化就是群体中基因和基因型频率的变化。可见，MS 理论的成功很大程度上是因为对基因的高度关注。甚至可以说，MS 理论最为核心的概念便是"基因"。

三、沃森和克里克发现 DNA 双螺旋结构

最初的基因由它所对应的表型来定义。因为我们能够观察到的只有表型，基因是一种"假想的"导致表型变化的内在原因。

此时，基因是一个纯粹的理论概念。经典遗传学的鼻祖摩尔根在获得诺贝尔奖演讲时曾说道："遗传学家们并没有就基因是真实存在的还是虚构的达成共识，因为无论基因是一个假设单位还是一个物理构成，对于遗传实验来说都没有丝毫影响。"[2] 直到1953年，沃森和克里克的工作发现了DNA分子的双螺旋结构，从而揭示了基因的物理基础。之后的遗传学研究又确立了著名的中心法则，即DNA序列可以转录成RNA序列，RNA序列又翻译成氨基酸序列，特定的氨基酸序列又可以合成为蛋白质，而蛋白质是决定生物表型的最主要因素。这为孟德尔遗传学中基因型决定表型的想法提供了分子层面的支持。

至此，基因不再是单纯的理论工具，而是真实存在的东西。基因实在化之后也产生了一些影响，其一是某种本质主义的回归，这种新的本质主义可以被称为"基因本质主义"：基因作为生物的本质，决定了生物的性状。

图二　沃森（左）、克里克与DNA模型[1]

---

[1]　图源：https://www.sciencehistory.org/wp-content/uploads/2023/04/watson-crick-dna-model_crop3.jpg。

[2]　Thomas Hunt Morgan, "The Relation of Genetics to Physiology and Medicine", 41 (1) *Scientific Monthly* 5–18(1935).

在基因本质主义的著作中，最具公众影响力的是道金斯（Richard Dawkins）的《自私的基因》。道金斯区分了"复制子"和"载体"：复制子可以进行自我复制，但它自身无法独立存活，需要依靠载体的保护才能生存。复制子决定了载体的形态，载体的目的是保存并延续包裹于其中的复制子。道金斯所说的复制子当然就是基因，而我们不过是它们的载体。基因作为复制子，在这个残酷的世界中相互竞争，以保证自身的长久生存。因此，道金斯写道，"生命短暂，基因不朽"。

基因本质主义与亚里士多德的本质主义有着微妙的区别。与亚里士多德的不变本质相比，基因作为本质并非完全恒定不变。DNA 分子具有随机突变的概率，这为自然选择提供了变异的原料。对于一个群体来说，自然选择的作用会导致其中基因频率的变化，所以种群的本质在长期来看是变化的。然而，从演化视角来看，生物的表型最终由它的演化历史决定，而完整的演化史恰恰刻录在 DNA 序列的变化之中。因此，基因承载了演化史中决定生物表型的最为本质的东西。在这个意义上，基因，作为遗传物质，是生物的内在本质。

四、心理本质主义与形而上本质主义

我们需要区分两种本质主义：心理本质主义和形而上本质主义。人类学调查和心理学实验都发现，人们普遍具有本质主义的认知偏向。人们倾向于认为，事物都具有内在本质，这个本质决定了事物的属性，而且本质通常保持不变。这种人类固有的认知偏向，叫作心理本质主义，也就是说，人们认为事物（如生命）具有本质。但是，人们怎么认为通常不会影响事物事实上是否具有本质。因此，还有另一种本质主义：形而上本质主义，即事物实际上具有本质。

让我们回到 DNA 分子结构发现之前的时代，此时，MS 理论已经基本完成，基因被作为一种理论工具，塑造了看待和梳理生物现象的独特视角：科学家用基因频率的变化来"记录"生物表型的演化过程，为演化历史建立了一个"基因账簿"。这个视角将杂乱无章的生物现象分门别类，以便寻找其中的联系与规律。在这个意义上，MS 理论是一整套以基因为中心的理论框架与思维模式。假如我们有另一个理论框架，可以不从基因出发去理解生物的演化，那也无可厚非。换句话说，MS 理论并不是描述生物事实的唯一真理。在这个意义上，MS 理论体现了"心理的基因本质主义"：人们认为生命具有一个传承的本质，这个本质可以解释性状的产生和遗传，据此可以理解其他的生命现象；"基因"恰好符合我们对于传承本质的理解。

当基因的物理基础确定后，人们顺理成章地认为，基因或 DNA 分子实际上就是生命的本质。这便是"形而上基因本质主义"。整个二十世纪，这种本质主义占据了上风。"人类基因组计划"的最初预期便是解码基因就能解码生命的奥秘。如果将该计划的成果应用到人类和基因编辑中，形而上基因本质主义就会认为，人类实际上共享着基因的本质基础，对于基因的编辑是对人类本质的改写。然而，自二十一世纪初以来，至少在生物学和生物学哲学内部，整个风向已经开始转变。

五、基因本质主义的理论危机："发育系统论"

随着分子生物学的发展，中心法则受到了挑战和质疑。研究发现，一段特定的 DNA 序列可以被转录翻译成不同的蛋白质，而不同的 DNA 序列在某些情况下可以产生相同的蛋白质。这是因为，细胞环境的变化可以直接影响 DNA 分子的表达。这个发现是基因本质主义的危机根源。最初的基因由表型来定义，若能找到决定某个表型的 DNA 序列，也就找到了基因的实体。但如果基因和表型的对应关系是"多对多"，而非"一对一"，那么基因就无法找到对应的 DNA 序列。回到长颈鹿脖子的案例：我们根本就无法找到所谓长脖子基因或短脖子基因！对于基因本质主义来说，这似乎意味着，生命实际上并不具有本质。

对基因本质主义最为致命的哲学攻击来自二十一世纪初发展起来的"发育系统论"（Developmental Systems Theories）。该理论反对把发育原因一分为二的观点，其中，基因作为本质原因决定了发育的方向和终点，环境只为基因表达提供了条件背景。然而，当我们把目光投向生物体的整个生命周期时，就会发现，发育的结果并非由 DNA 分子单独决定的；非基因因素，如体内的蛋白质、RNA 等以及体外的温度、湿度等环境条件，也是影响表型性状的原因。从整体上看，基因只是发育的资源之一，和其他因素共同形成了一个"发育系统"，每种资源都有影响发育的特殊渠道和功能，没有理由认为基因是更为本质的原因。

发育系统是一个复杂的因果反应网络，从特定视角看，可以看到不同因素的作用：如果把环境因素作为背景，可以看到基因

图三 发育系统论的主要论文集[1]

的重要影响;反过来,如果把基因作为背景,则会看到环境对于结果的影响。基因本质主义选择了前一种视角,但原则上我们也可以选择后者,以强调环境的决定性作用。如果这个论证成立,对于基因与环境、先天和后天(nature/nurture)的区分也就失去了基础。发育更像一场爵士乐演出,演奏者会根据已有的旋律,即兴创造相应的节奏和音符,构建一个又一个新的主题。表演结束之前,没人会知道整个音乐将如何呈现。先天与后天的界限被彻底打破。不存在发育的本质原因,基因本质主义仅仅是一种视角偏见。

发育系统论是一次前瞻性的哲学尝试,很快得到了经验证据的回应。越来越多的经验研究发现,非基因因素对于遗传、发育和演化有着重要的作用。让我们来看看其中最具代表性的经验研究:表观遗传学。

六、来自瑞典的真实故事——对基因本质主义的经验挑战

瑞典北博滕地处偏僻、人烟稀少,由于十九世纪的交通不便,

---

[1] See Susan Oyama, Paul E. Griffiths & Russell D. Gray (eds.), *Cycles of Contingency: Developmental Systems and Evolution*, The MIT Press, 2001.

若是某年收成不好,当地便会发生大饥荒。紧随灾年而来的往往是一个丰收年,人们在熬过了一个食不果腹的寒冬之后往往会饕餮暴食达数月之久。二十世纪八十年代,有专家利用当地十九世纪的数据,研究人们孩童时期的营养状况对后代的影响,居然发现,那些曾在某个冬季经历了从正常饮食到过量饮食的男孩,他们孙子的寿命竟比正常进食男孩的孙子的寿命平均短32年之久。[1] 这种情况也发生在母系的代系传递中。也就是说,如果某人在孩童时期的某个冬天曾有过量饮食的情况,那么他们的孙代会过早去世。这个结果非常令人震惊,人们没有想到,自己在身体发育前的饮食习惯居然会影响后代的寿命。但这是何以可能的呢?

我们知道,DNA 分子并非裸露存在的,而是缠绕在组蛋白上形成核小体串,经过几番盘绕,最终以染色体或染色质的形式存在于细胞核中。那些 DNA 分子上的化学基团、组蛋白上的化学修饰等被称为"表观标记"。对于一个多细胞生物体来说,每个体细胞都包含了相同的基因组,不同的基因会以不同的方式被启动,使细胞分化成外形和功能不同的类型(如肌细胞、神经细胞等)。在细胞分化的过程中,表观标记起到了关键作用。DNA 甲基化是最早发现的表观标记,这是在 DNA 序列的某个碱基上添加一个甲基的生化过程。如果某段 DNA 高度甲基化,就很可能会抑制其所在基因的转录。

---

[1] See Lars Olov Bygren, Gunnar Kaati, and Sören Edvinsson, "Longevity Determined by Paternal Ancestors' Nutrition During Their Slow Growth Period", 49 (1) *Acta Biotheoretica* 53–59 (2001).

早期遗传学认为，亲代的表观标记会在子代发育初期被重新洗牌，所以表观标记不能遗传。但是 1980 年代后期以来的许多研究都表明，有一部分的表观标记能通过繁殖过程，从亲代传递到后代。这种非 DNA 序列信息的遗传也被称为"表观遗传"（epigenetic inheritance）。比较典型的例子是小鼠灰色基因位点上的甲基化模式的遗传。研究表明，一群基因背景完全相同的小鼠，由于它们从母鼠继承的灰色基因位点上的甲基化模式不同，其皮毛颜色从黄色到灰黄杂合到灰色呈阶梯状变化。有些情况下，这种表观遗传能持续传递十几代。类似的研究表明，子代从亲代遗传得到的绝不仅仅是基因，某些表观标记，也能像 DNA 一样，遗传并影响表型。

更有意思的是，表观遗传似乎证实了拉马克的演化理论。回到长颈鹿的例子，拉马克式的演化故事是这样的：短脖子的长颈鹿为了吃到高处的树叶，努力伸长脖子，这改变了它们的遗传物质，使后代也拥有了长脖子；经过时间的累积，群体中长颈鹿的脖子会越来越长。在这个故事中，环境变化等因素可以直接改变遗传物质，使亲代获得的变异传递给后代，这也被称为"获得性遗传"。关于获得性遗传的争论曾经十分激烈，经过 MS 理论，获得性遗传被彻底否决。而表观遗传的研究重新开启了这个话题。由于表观标记非常容易受到环境的诱变，有些表观标记可以作为遗传物质影响后代的表型，这为获得性遗传提供了一种可能的机制。

若果真如此，那么遗传物质（或者说所谓生命本质）在遗传过程中并非保持不变，而是可以受到环境因素的定向影响。由于表观遗传的存在，那些和演化相关的表型，就不一定是自然选择作用于基因的结果，也可能是在偶然的环境作用下获得并遗传下来的。也许有人会反驳说，表观遗传的现象毕竟是少数，基因在遗传和演化上仍然扮演着最主要的角色。但是，如果与非基因因素相比，基因只是在程度上更加重要，那么它就失去了本质上的优越性。生命的演化没有所谓本质，有的只是不同因素或多或少的影响。

从人类认知上看，人们似乎不可避免地会有心理本质主义的倾向。然而，若基因实际上不是生命的本质，甚至生命实际上没有本质，我们就不应该认为基因是生命的本质。本文接下来将联系基因编辑，看看心理的基因本质主义在基因编辑议题上造成的认知偏见，并探讨应当如何尽量避免这些偏见。

七、反思基因本质主义下的基因编辑
——从鸟的歌声实验说起

心理的基因本质主义会导致哪些认知偏见？一个经典的经验研究是鸟的歌声实验。[①] 受试者被要求阅读一篇关于某种鸟的歌声的短文，然后回答问题。不同组别的短文分别描述了歌声的三个特征：歌声是否固定不变（如成熟雄鸟的歌声旋律和它幼时的歌声旋律一样）；歌声是否具有物种典型性（如同一物种的雄鸟歌声旋律都相同）；歌声是否具有目的性（如雄鸟的歌声可以帮助吸引雌鸟）。然后让受试者回答，歌声是不是鸟的本性，歌声是否由鸟的基因决定。多次实验的结果表明，当某个歌声旋律符合上述三个特征时，人们倾向于认为，歌声是鸟的本质属性，这个本质

---

① See Paul E. Griffiths, "What Is Innateness?" 85 (1) *The Monist* 70–85 (2002).

被编码在鸟的 DNA 中。

根据这个实验,我们可以总结得到,当某个生物性状同时具有固定性、典型性和目的性时,人们倾向于认为:这个性状是该生物的本质属性,由基因所决定。如果实验结果和结论是可靠的,那么当基因编辑改变了某一人类性状时,我们的心理本质主义认知会倾向于认为:(1)被基因编辑后的性状不可变(固定性);(2)基因编辑后的个体不再属于人类(典型性);(3)基因编辑会导致人类演化脱离自然的道路(目的性)。我们将分别从上述三个方面来分析人们对于基因编辑的直觉,并结合反基因本质主义的考虑,对这些直觉进行一定的反思。

首先,是固定性。如果我们认为,基因是生命的本质,即便在漫长的演化过程中,基因会发生一定的变化,但对于某生物个体而言,基因是稳定的,基因所决定的性状是确定的。拥有长脖子基因的长颈鹿一定会长出长脖子,这由它的基因本质所决定。对基因进行人工编辑,则意味着不可逆转的后果:生命本质变化了,本质所决定的性状也会永久性地改变。就好比我们的命运早已被基因所禁锢,无法逃脱。人类基因编辑目前主要应用在无法用后天手段进行治疗的疾病上,例如由基因缺陷引起的地中海贫血症,或是难以治愈的艾滋病等。人们倾向于认为,基因编辑可以从根本上治疗这些疾病。或者说,"基因编辑技术是改变人类命运的终极手段"。

但这样的想法会让人们把发育结果看得过于"固定",忽略了改变性状的其他可能途径。例如贺建奎对人类女婴的 CCR5 基因进行改造,试图从根源上阻断 HIV 的感染途径。人们可能会认为,女婴的基因被人工编辑后,她们的人生将彻底改变,不可逆转。由于我们对艾滋病的发病机制和所涉基因缺乏全面的了解,这样的担忧是合理的。但是,假设未来生物学家发现,破坏CCR5基因不会引起其他正常功能的损坏,那么对CCR5基因进行编辑,其后果便是可控的。即便CCR5基因有其他功能,如果能摸清其中的因果网络,也能通过后天干预来弥补。在这个意义上,基因编辑的后果并非不可逆转。

也许有人会反驳,由于基因可以遗传,所以,相比后天干预,基因编辑的影响更为深远。但正如上文所述,表观标记决定了哪些基因会被激活以及它们被激活的方式和时间,而表观遗传的存在使基因遗传和非基因遗传的界限越来越模糊。2001年,当"人类基因组计划"初步完成之后,科学家很快发现,揭示遗传密码还远远不够,要解码生命,还要掌握遗传密码是如何与其他分子相互作用的。相应的,在疾病研究中,基因不再是最为关键的研究对象,对基因的表达调控才是。2003年,学界开启了"人类表观基因组计划"(Human Epigenome Project);2016年又开启了"人类细胞图谱计划"(Human Cell Atlas)。现在的基因更像一个认知的锚点,科学家们更关注基因与其他生物分子相互作用的机制。这也间接说明,编辑基因只是改变众多发育因素的手段之一。从基因到性状的发育过程中,任何一个环节的改造都可能改变最终的结果。所以,当舆论表示基因编辑技术是改变人类命运的终极手段时,"终极"的含义实际上被扩大了。

其次,心理本质主义的第二个特征是典型性。如果生命具有本质,那么人们会倾向于关注人类成员所共享的那个本质,而忽略人类群体内部的个体差异。基因编辑的应用会导致一个群体层面的担忧:人们倾向于认为,人类的典型基因构成了人类物种的本质,一旦某人的基因被改变,他或她便不再属于人类群体,甚至会成为一个新的物种。例如有人声称,用基因编辑技术改良甚至创造超级人类已经不可避免。

事实上,物种一直都在经历着演化,群体中的基因构成和基因频率也在不断发生着变化。昨日的典型基因,今日就可能已被淘汰。从长期来看,并不存在所谓典型人类基因。目前的基因编辑技术仍然处于攻克疾病的阶段,这和新生儿疫苗注射的目的是一样的。两者的区别在于,前者在胎儿出生之前或出生后进行基因干预,后者在出生之后进行非基因干预。如果我们承认,基因只是发育结果的原因之一,而非决定性原因,那么问题的关键便不在于干预的是否是基因,而在于干预哪个因素更加具有实操性或风险更小。实际的情况是,对单个或少数基因的编辑并不会造就全新的人类物种。即便有创造超级人类的愿望,目前的基因编辑技术也还远远不够。

对于某些单基因疾病来说,基因本质主义的心理倾向是合理的。例如著名的亨廷顿舞蹈症,若某人的4号染色体末端特定位点上拥有一定数量的特定重复碱基对,在不做人工干预的情况下,便会在人生的特定阶段发病。这里,基因信息不仅对疾病具有固定性作用,而且对于患者群体而言也是典型的(具有该基因特征的个体典型地会出现亨廷顿舞蹈症)。然而,上述情况更像是一个特例。单基因疾病在基因疾病中仅占2%左右;绝大多数的基因疾病(例如肥胖症)都涉及多个基因,而且不同基因之间的相互作用以及基因表达调控的分子路径都极其复杂。这也极大增加了从基因型到表型的因果网络的复杂性。基因本质主义对于这些疾病的考虑并不是完全理性的。

最后,我们来聊聊目的性。在亚里士多德的理解中,生命的本质指向了某种自然的目的,每个生命都有其存在的终极目的。达尔文的演化论虽然在一定程度上消解了所谓自然目的,但如果把基因作为生命的本质,我们仍然会认为,人类的演化有其自身的目的,或者说,人类的基因库有其"自然的"变化规律,一旦被混入人工编辑的突变基因,就会变得"不自然","不自然"意味着不可预测的负面后果。例如,人们会担忧,被编辑过的基因若遗传给后代,可能会污染人类的基因库;又如,基因编辑技术打开了"潘多拉的魔盒",将给人类带来难以预料的灾难。

在基因编辑技术之前,生命的演化被认为是一个"自然编辑"的过程。科技的介入从人工育种就开始了。当时,人们只能通过从外部筛选天然变异的方式来干扰演化过程。比如,摩尔根团队制造出极端的环境来激发果蝇的基因突变,进而造成表型变异,然后通过人工选择让具有特定表型的果蝇繁衍后代。又如,袁隆平院士的杂交水稻技术得益于在野外发现的一株天然雄性不育的水稻。如果没有人为干预,这种不育株迟早会被自然选择淘汰。因为天然变异的方向不可控,能不能突变出我们想要的表型,以及能不能在自然界中找到,都很靠运气。人类社会的技术知识,尤其是医学的发展,使人工干预的程度越来越大。CRISPR 等基因编辑技术意味着可以定向改造基因,定向筛选出我们需要的表型。

目的性的认知倾向具有一个价值判断的维度：如果某个结果是"自然"发生的，那么相比于非自然发生的结果，它是更好的，或是更对的。然而，"自然的"并不意味着就是好的。单纯从"自然"和"人工"的区别推导出前者更好，这是站不住脚的。基因突变多数时候是随机的，其中大部分突变对人体无关紧要或者有害，只有对人体有利的基因才会通过自然选择作用在种群中扩散。人工编辑基因的目的在于定向改造和挑选那些对人体有利的基因，让那些遗传运气不好的人，免受疾病的困苦，得到更好的人生机会。如果这个技术在伦理和监管等其他方面能够被很好地论证，那么它当然是可以被接受的，也是好的，即便它是"不自然的"。

历史上新技术（如转基因作物）的产生总会引起激烈的争论，由于人类基因编辑与人类本身的关系甚是密切，因此更加具有争议性。在这种情况下，人们无论持有多么谨慎的态度都是合理的。但是谨慎不同于对可能的后果进行过度解读。笔者认为，我们需要避免心理的基因本质主义的过度影响，以至于放大对未知风险的恐惧。基因编辑技术对于人类未来的发展，尤其是疾病的诊断和治疗来说，至关重要。无论以何种方式，该技术终将走出实验室，走进现实。可以预见的是，只有拥有了非基因层面的配套知识和技术手段，基因编辑技术才能被合理应用。同时，反基因本质主义的趋势也会逐渐渗透到大众科普中，使人们更为客观地看待基因编辑技术的后果和未来。

从阿西洛马会议到华盛顿峰会

——基因编辑治理的历史与未来

高 璐

高　璐

高璐，中国科学院自然科学史研究所副研究员。2011年博士毕业于清华大学科学哲学专业，研究方向为生物技术治理、科技政策、科技与社会，先后在英国爱丁堡大学科学技术与创新研究中心、斯坦福大学东亚研究中心做访问学者。她的研究兴趣集中在从历史与社会的角度理解生物技术给人类社会带来挑战，同时探讨如何去塑造面向未来的技术与社会发展模式。

二十世纪七十年代,科学家开始掌握重组 DNA 技术,自此开启了对基因的精细操控。然而,重组 DNA 技术发现之初,科学家们却十分担心技术所带来的生物安全与风险问题。为了更好地推动生物技术的发展,科学家们在 1975 年举办了阿西洛马会议(Asilomar Conference on Recombinant DNA),以期通过暂停研究以完善相关管理措施,并且对风险进行主动预警,寻求更大范围的发展共识。这一会议也被载入史册,成为科技治理历史中科学家自我规制的里程碑。当以 CRISPR 为代表的基因编辑技术逐渐成熟后,阿西洛马会议再次被提及,技术的发展不断冲击着伦理的边界,新的共识亟待达成。然而,以阿西洛马会议为代表的科学家的自我规制模式,是否还能够满足当今世界对于技术发展的治理需求?不同国家在面临同样的技术治理问题时为何会有不同的处理方法?如何确定面向未来的新兴生物技术治理框架?本文将尝试回答以上的几个问题,并探讨我们应当如何面对可编辑的未来。

2015 年 4 月,中国科学家黄军就在 *Protein & Cell*(《蛋白质与细胞》)期刊中发表论文,利用 CRISPR/Cas9 基因编辑技术对人类胚胎中导致 β 型地中海贫血症的基因进行了修饰。这是人类历史上科学家第一次对人类的胚胎基因组进行编辑,引发了强烈的争议与讨论,因此也被一些媒体称为基因编辑的"阿西洛马时刻"(Asilomar Moment)。[1] 那么什么是阿西洛马时刻呢?它又有着怎样的历史与现实含义?让我们把时间拨回到二十世纪七十年代——重组DNA技术刚刚被发现的年代。

一、阿西洛马会议与科学家的社会责任

1972年,斯坦福大学的生物化学家保罗·伯格(Paul Berg)第一次实现了不同物种间的基因片段的拼接,从而标志着重组DNA技术的诞生,这一新技术开创了分子生物学的新时代,成为分子生物学研究的基础工具。激进的技术变革也带来了忧虑,伯格的实验室最早表达出对这一技术的担忧。当时DNA重组的中介是细菌,因为细菌间遗传信息的交换是一个天然、普遍的现象。伯格的实验室正在准备使用猴病毒SV40与噬菌体DNA重组成一个杂合分子,并将这一杂合分子导入大肠杆菌中。但是,实验室的研究员担心猴病毒SV40所包含的原癌基因会通过大肠杆菌逃逸到环境中,使实验室人员徒增罹患癌症的风险。于是,在1973年,伯格在加利福尼亚州的阿西洛马组织了一次小型研讨会,讨论这一技术的潜在威胁。随着研究的推进,新的技术风险显露出来,1974年,以伯格、戴维·巴尔的摩(David Baltimore)为首的11位顶尖生物学家公开致信《科学》杂志,提出DNA重组技术的风险需要得到充分评估。[2] 科学家们认为,尽管利用重组

---

[1] K. Bosley, M. Botchan, A. Bredenoord, et al., "CRISPR Germline Engineering—the Community Speaks", 33 *Nat Biotechnol* 478–486 (2015).

[2] See P. Berg, D. Baltimore, et al., "Potential Biohazards of Recombinant DNA Molecules", 185 *Science* 303(1974).

DNA技术能够帮助人们解决生物学发展中的一些理论与实践难题,但它们也将导致新型传染性DNA元件(DNA elements)的产生,然而我们对这些重组的基因的特性却无法完全预测。这封信同时也建议,在重组DNA技术被全面评估之前,生物学家们自愿推迟两类风险较大的实验,并提议美国国立卫生研究院(National Institutes of Health, NIH)的院长成立负责监督重组DNA技术的委员会,同时,在1975年举办一个国际会议,来总结这一领域的科学进步,并深入讨论应当如何防范重组DNA技术的潜在生物风险(biohazard)。

我们需要注意的是,二十世纪七十年代冷战正陷入胶着状态,美苏在铁幕两边仍在持续着军备与科技竞赛,尤其在经历了越南战争中美军大规模使用化学武器的丑闻后,科学家们比以往更加清醒——越是巨大的技术进步越容易被滥用,产生不可估量的危害。[1] 同时,科学家自身就处于危险的实验环境之中,生物安全、实验室监管与技术发展并不匹配,这些风险首先将危害到实验室人员。作为最早感知到风险的"吹哨人",科学家开启了一种预警式治理模式,[2] 他们通过对技术风险的辨认、宣布及讨论,来推动制度与社会治理模式的变革。因此,伯格等人的公开信在《科学》上发表后,很多实验室与研究人员自愿地暂停了相关实验。同年,美国国立卫生研究院成立了重组DNA咨询委员会

---

[1] 参见高璐:《负责任的科学家:英国科学的社会责任协会成立的历史及意义》,载《自然辩证法通讯》2021年第6期,第61—69页。

[2] 参见高璐:《生命科学两用研究的治理——以H5N1禽流感病毒的研究与争议为例》,载《工程研究——跨学科视野中的工程》2020年第4期,第355—365页。

（Recombinant DNA Advisory Committee, RAC），旨在为 NIH 院长提供政策建议，并为涉及 DNA 重组的基础研究、临床研究所存在的科学、安全和伦理问题的讨论提供咨询意见。

1975 年 2 月 24 日，来自全世界的 150 名科学家（其中有 1/3 来自美国以外）、4 名律师、16 名媒体代表以及政府官员来到阿西洛马，共同商讨重组 DNA 技术的未来。这次会议在历史上拥有极高的地位，一方面是因为它敢为人先，树立了一种科学家自我规制与预警的模式；另一方面是由于它直接推动了以美国为首的西方国家对新兴生物技术的监管与治理。

这次会议讨论的一个主要议题是，科学家是否应该停下正在进行的 DNA 重组实验。正如所料，会议期间人们对于是否存在风险及风险的严重程度有着很大的分歧。一些科学家和政府官员确信，重组 DNA 技术将造成巨大灾难，应该暂停相关研究，也有相当规模的科学家认为这项技术是安全的。同时，有趣的是，科学家们常常愿意承认别人实验中的风险，而忽视自己研究中的风险与问题。[①] 会议主办方认为科学家的不作为与自私的行为，会受到公开的谴责，反而不利于技术的良性发展。最终，会议开始将不同类型的实验分类进行讨论，参会者按照重组 DNA 的来源分为：原核生物、噬菌体和质粒小组；动物病毒小组；真核生物小组。会议的前期，讨论一直集中在科学家应当如何防范实验室中的风险，以及生物泄露等问题，伯格认为，"我们不能告诉公众，100 多名科学家在这里花了几天时间只确认了重组 DNA 实

[①] See P. Berg, "Asilomar 1975: DNA modification secured", 455 *Nature* 290–291 (2008).

验具有潜在的生物风险，却连一个像样的结论都拿不出来”[①]。就在科学家们陷入僵局的时候，一位印第安纳大学的法学教授进行了发言，他强调尽管科学界可以自主管理，但是科学家如果在安全条件不充分的情况下进行危险的实验，并对他人产生了伤害，将承担不可推卸的法律责任。[②]来自法律界的不同声音触动了科学家们，大多数参与者开始采取更谨慎的态度，他们最终拟定了一份《阿西洛马重组 DNA 会议声明》，发表在《美国国家科学院院刊》中。[④]

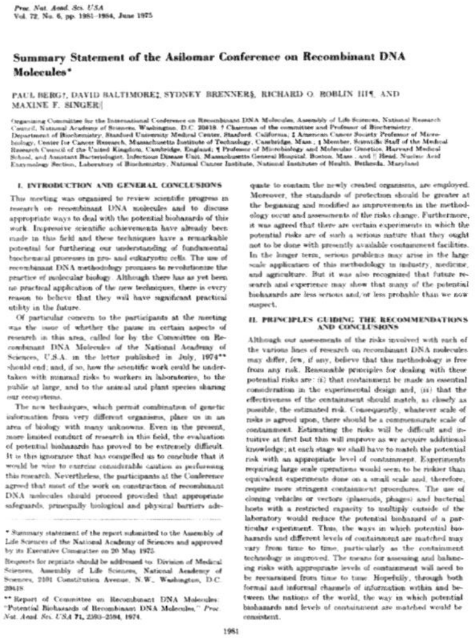
Proc. Nat. Acad. Sci. USA
Vol. 72, No. 6, pp. 1981–1984, June 1975

Summary Statement of the Asilomar Conference on Recombinant DNA Molecules*

PAUL BERG†, DAVID BALTIMORE‡, SYDNEY BRENNER§, RICHARD O. ROBLIN III¶, AND MAXINE F. SINGER‖

I. INTRODUCTION AND GENERAL CONCLUSIONS

II. PRINCIPLES GUIDING THE RECOMMENDATIONS AND CONCLUSIONS

1981

图一 《阿西洛马重组 DNA 会议声明》首页[③]

这份《声明》总结了在阿西洛马会议上达成的一些共识：(1) 对重组 DNA 技术的发展初步达成共识：大多数的重组 DNA

① M. Rogers, “The Pandora’s Box Congress”, 189 *Rolling Stone* 36 (1975).

② 参见朱静生：《重组 DNA 研究：一场关于潜在的“生物危害”之争》，载《自然辩证法通讯》1990 年第 2 期，第 34 页。

③ See P. Berg, D. Baltimore, et al., “Summary Statement of the Asilomar Conference on Recombinant DNA Molecules”, 6 *Proceedings of the National Academy of Sciences* 1981(1975).

④ See P. Berg, D. Baltimore, et al., “Summary Statement of the Asilomar Conference on Recombinant DNA Molecules”, 6 *Proceedings of the National Academy of Sciences* 1981–1984(1975).

实验研究应该在采取适当的安全措施的条件下继续进行；那些存在潜在重大风险的实验应该在现有控制条件下暂停进行。(2)确立了重组 DNA 实验研究的指导方针或准则：在实验设计阶段就应该考虑其潜在的生物危害等风险，明确相应的控制措施。(3)就一些暂缓或严令禁止的实验达成共识：如利用重组 DNA 技术制造可能造成潜在危害的杂交人类等。(4)提出生物科学家、科研机构的行动指南。《声明》是人类历史上科学家第一次自主暂停一个崭新领域的科学实验的产物。

又经历了一年多的酝酿，1976 年 6 月 23 日，NIH《重组 DNA 分子研究指南》(NIH Guidelines for Research Involving Recombinant DNA Molecules)的发布成为当天的头版新闻。NIH 院长，同时也是 RAC 主任的唐纳德·弗雷德里克森(Donald Fredrickson)在自传中说，平衡多方的诉求与利益所带来的争议，占用了他 1976 年到 1978 年近一半的工作时间。[①] 压力来自方方面面：一些科学家认为他们研究的自由被无情地剥夺；公众在知情后也参与了讨论，要求公开研究过程；地方政府与联邦立法者也对重组 DNA 技术的风险感到担忧，有一些提案被上升到国会进行讨论。在如何对重组 DNA 研究进行监管问题这一问题上，美国国会和整个美国社会一样，都存在着巨大分歧，一些成员支持强有力的立法和惩罚，而另一些成员则信任科学家，让他们自行管理自己的工作或者服从地方司法管辖。因此，美国国会也未能通过与此有关的法律。于是，NIH 的《重组 DNA 分子研究指南》与重组 DNA 咨

[①] See Donald S. Fredrickson, *The Recombinant DNA Controversy: A Memoir*, ASM Press, 2001.

询委员会承担了管理这项技术的重任。此后,加拿大和几个西欧国家也同意遵守这些指导方针。美国食品和药物管理局(Food and Drug Administration, FDA)和其他联邦机构利用他们的监管权力,迫使少数使用 rDNA 技术的私人实验室也遵守 NIH 的指导方针。

《重组 DNA 分子研究指南》从科学经费分配者的角度对美国的实验室进行监管,对建造实验室的技术进行详细说明,包括从对无害的生物体进行 DNA 实验的一级实验室(P1)到需要精心设计通风系统、气闸和防护服以进行传染性病原体实验的四级实验室(P4)等多种实验室。研究人员需要通过 RAC 的相关审查才能够获得资助,同时,指南还对科学家们的研究方向进行引导,一些生物风险大、不符合伦理规范的申请将被驳回,那些生物安全考量更全面、研究更具社会可接受性的研究更容易胜出。

在经历了近两年的暂停之后,美国的实验室开始依据《重组 DNA 分子研究指南》逐渐恢复实验。科学家们放慢了脚步等待共识达成,这段时间给了科学家一个空间,赢得的是后来分子生物学黄金发展的 30 年,以及公众对科学共同体的信任。科学共同体在面临新技术的不确定性时主动预警,也是阿西洛马会议给我们留下的宝贵遗产。同时,在阿西洛马会议建议下成立的重组 DNA 咨询委员会在美国的相关政策舞台上占据了支配地位,在美国此后的对转基因作物、基因编辑技术的监管中起到了重要作用。

二、美国线性风险治理模式的建立

不同的学者对于阿西洛马会议的意义有着不同的评价。比如，一些学者认为阿西洛马会议突出了科学家们的前瞻性，但是也反映了科学家们对于生物技术风险的理解是简单的。科学家将注意力集中在"DNA分子层面"，因为这是他们更容易理解的对象，同时这样做能够使"分子"安全地摆脱生物技术的政治学争论与价值观冲突。但是，依照科学家所确定的狭义风险标准对生物技术进行监管，为技术治理将面临的若干问题埋下了伏笔。①1977年，DNA双螺旋结构的发现者之一詹姆斯·沃森在《新共和》期刊上发表文章，将阿西洛马会议描述成"荒诞剧场中的一次演练"："我们还没看到和听到的情况下，就大呼狼来了。"显然，科学家们对这种"未有完全科学证据"的风险评估并不感冒。然而，这种"狼来了"的理念，就是欧洲在二十世纪下半叶确定的预防式原则（Precautionary Principle）的基本精神，即当面临不确定性的风险，即使尚未得到科学证据或定论证实，也应采取适当的预防措施。如此看来，美国在基因技术发展的早期，是以一种警觉的、预防的姿态来应对风险的。那么，又是什么让美国又滑向了与欧洲不同的生物技术风险治理框架呢？

1980年代初，生物技术与化学污染等问题频发，推动美国国家研究理事会（National Research Council, NRC）于1983年发布了咨询报告《联邦政府中的风险评估：过程化管理》（Risk Assessment in the Federal Government: Managing the Process），这一报告促使美国政府形成一种具有制度保证的风险评估框架——通过量化的风险评估和专家意见来确定风险点，同时对风险进行

---

① See S. Krimsky, "From Asilomar to Industrial Biotechnology: Risks, Reductionism and Regulation", 14(4) *Science as culture* 309–323(2005).

管理,最后完成面对公众的风险沟通——这也被称为风险治理的"线性模型"。这份报告以及其推崇的线性风险治理模型深远地影响了美国不同的政府部门对技术风险的态度。①

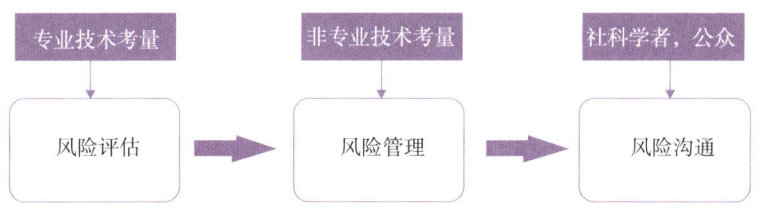

图二 风险治理的线性模式

很快,随着技术发展的逐渐加快以及商业力量的介入,RAC在评审中显示出了不足之处。哈佛大学学者希拉·贾萨诺夫(Sheila Jasanoff)在她的书中记载了美国政府对基因重组技术进行监管的早期案例。② 在 1986 年的一项针对抗冻菌的审查中,RAC 很快批准了再造一种新的细菌的实验,这属于《重组 DNA 分子研究指南》禁止的研究类型,因为这类实验太过危险而且具有不确定性。同时,NIH 也并未执行《国家环境政策法》(National Environmental Policy Act, NEPA)所要求的环境影响评估,因此,联邦法院最终否决了这一新的抗冻菌的大田实验。这一决议挑战了 RAC 的合法性,即科学家的内部问责制度是评估重组 DNA 研究的安全性的首要依据。同时,一些不受 NIH 研究经费约束

---

① See Erik Millstone, "Science, Risk and Governance: Radical Rhetorics and the Realities of Reform in Food Safety Governance", 38(4) *Research Policy* 626 (2009).

② 参见〔美〕希拉·贾萨诺夫:《自然的设计:欧美的科学与民主》,尚智丛、李斌等译,上海交通大学出版社 2011 年版,第 381—388 页。

的企业也开始大量进行重组 DNA 实验,负责环境监管的环保署(Environmental Protection Agency, EPA)依据现有的有毒物质管理办法起草了规制重组 DNA 释放环境的条例,但 EPA 对于技术的理解不足导致了许多复杂的技术与司法问题的争议与含混。有人开始质疑,是否有机构正在负责管理美国的新兴农业生物技术市场?

于是,在 1986 年,里根总统的科学技术政策办公室(Office of Science & Technology Policy, OSTP)发布了关于《生物技术管理协调框架》的报告,确定了美国具有生物技术法律监管权限的三大机构:对环境应用进行管理的 EPA,对食品及药品进行管理的 FDA,以及对新的农作物进行管理的农业部(United States Department of Agriculture, USDA),并在 OSTP 下成立生物技术科学统筹委员会(Biotechnology Science Coordinating Committee, BSCC)以制定跨部门的监管办法。按照贾萨诺夫的观点,这些机构设置增进了美国政府内部的共识,即对于生物技术产品,如农药、食品、农作物等,不应以监管为理由将基因工程的产品与其他产品区别对待。因此,在这样的协调框架之下,生物技术不再是科学家广泛参与的事件,而是在技术专家指导之下的行政决策对象。美国国家研究理事会在 1989 年发布报告,阐明国家认为商业化的转基因作物对于人类的健康生活环境没有特殊的风险。[①]

[①] See National Research Council (US) Committee on Scientific Evaluation of the Introduction of Genetically Modified Microorganisms and Plants into the Environment, *Field Testing Genetically Modified Organisms: Framework for Decisions*, National Academy Press, 1989.

重组 DNA 技术的少量应用不会使得无害的产品充满风险,相反,传统育种技术发现的新品种与非基因工程开发的药物也并不会更加安全。到了二十世纪八十年代末,科学家认为对于基因工程与分子的了解程度已经为政府监管生物技术提供了足够的信息,同时,他们也对技术的发展充满了信心。因此,监管的重点由技术转移到技术产品——转基因作物与药品上,同时,政府、社会科学家、公众的责任也在线性模式的疏导之下,停留在对技术产品风险的管理与沟通的问题上。在美国,出于政策目的,生物技术是一种仅需要对其生产的"产品"进行审查的技术,而不是一个会对社会造成不确定性或者可能风险的特别技术工艺。

在阿西洛马会议后的十五年内,三个主要因素促进了美国产品化的风险理念与线性风险治理模式的形成。首先,科学研究的不断推进,使得科学家们在基因工程安全性方面的共识很快通过专家被传递到政策领域,生物科学家对于 DNA 分子研究的信心被确认。其次,美国通过对政府决策过程的整合,将对新兴技术的治理,置放到已有的权力体系与专家框架中,将其视为一种与已有技术差别不大的"技术评估"过程。最后,在这样的决策模型中,技术专家成为定义风险的人,而分子生物学家对风险和安全性的感知能力具有很多局限性,无法满足不同兴趣群体的关注。

这一简短的历史描述解释了美国分子生物学和生物产业的崛起,以及重组 DNA 技术是在怎样的社会体系下运行的。这种回顾并非一种批判,而是希望发出一些声音——"等一下,我们所依赖的针对技术的社会监管体系,是如何获得它的合理与合法性的?"对这一问题的反思将有助于我们发掘现象背后的逻辑。就如同框架假设(framing assumptions)[①]给我们的启示一样:所谓"框架"是由模式化的见解所组成的,人们借助特定的框架赋予问题情境以意义,来决定人们"看到"什么、"忽视"什么,进而影响人们的理解、记忆和评价。技术与制度的耦合,推动我们的社会高速发展,而我们的制度是否已经准备好了迎接基因编辑时代的到来?

三、基因编辑的阿西洛马时刻

正如文章开头所说,当黄军就事件发生后,科学家们高呼自我监管并期待构建共识。2015年12月1日到3日,在华盛顿特区举办的人类基因编辑国际峰会(International Summit on Human Gene Editing)中,中国科学院成为重要的组织方,会议的主办机构还包括美国国家科学院、美国国家医学院以及英国皇家学会。诺贝尔生理学或医学奖得主、加州理工大学的戴维·巴尔的摩是此次会议的主持人,他在四十年前也参与了阿西洛马会议的组织工作。与阿西洛马会议相似的是,这一峰会的举办也是出于国际科学共同体的意愿,他们认为这是一种理想的模型,即通过可控制边界的讨论,来确定技术发展的共识。

---

① See E. Goffman, *Frame Analysis: An Essay on the Organization of Experience*, Northeastern University Press, 1986, pp. 132–146.

图三 人类基因编辑国际峰会参会者（从左至右为 Jennifer Doudna, Bill Skarnes, Feng Zhang, J. Keith Joung, Jonathan Weissman, Jin-Soo Kim, Emmanuelle Carpenter, Maria Jasin）[①]

经历了三天的讨论，与会代表们达成了三点共识：(1)与基因编辑有关的基础研究可以在现行的管理条例下进行，包括在实验室内通过对体细胞、干细胞系和人类胚胎的基因组编辑来进行基础科学研究试验。(2)对于体细胞的基因编辑，报告提出了四点原则：①利用现有的监管体系来管理人类体细胞基因的编辑研究与应用；②临床试验与治疗只能在已有治疗手段不足的情况下被使用；③从风险与收益两个角度来评价安全性与有效性；④在应用前需要广泛征求大众意见。(3)对于生殖细胞的基因编辑，报告提

---

① See Committee on Science, Technology, and Law Policy and Global Affairs, Meeting in Brief (December 1–3, 2015), International Summit on Human Gene Editing: A Global Discussion, https://www.nap.edu/read/21913/chapter/1#2(Accessed: May 1st, 2024).

出的原则是：①在有令人信服的治疗、预防严重疾病或残疾的目标的情况下，临床操作须在严格的监管体系下才能被允许开展；②任何可遗传生殖基因组编辑都应该在充分的、持续的反复评估和公众参与下进行。①

尽管在华盛顿峰会后，美国、英国、欧盟、中国以及不少国际组织都发布了与基因编辑、可遗传的人类基因编辑有关的报告，但不可否认的是，华盛顿峰会对基因编辑技术的定性起到了关键的作用。但是，科学家们翘首企盼的国际峰会，在四十年后，是否还能起到与当年一样的作用呢？

从内容来看，这次会议几乎为人们所担忧的所有基因编辑技术的应用松了绑，只要求研究符合其所处国家与地区的研究规范与伦理、法律规则，那么此种管理就会极大依赖各国的政策环境。伯格在回顾阿西洛马会议成就的同时，指出了如果通过这类会议去处理类似基因编辑等技术，将不是一个成功的案例。②

这意味着生物学家与遗传学家有权力"将研究发展到极限"，而限制他们的只是技术上的风险。科学家们将 CRISPR 技术的问题窄化到他们最了解的风险，从而要求广大公众听从科学家们所理解的"危险"。即使有呼声要求"广泛公众对话"，也会受到专家的限制。其次，基因编辑技术面临的最大的变化是，四十年后的生物技术产业已然蓬勃发展，而基因研究已经不仅仅局限在大

---

① See National Academies of Sciences, Engineering, and Medicine, *International Summit on Human Gene Editing: A Global Discussion*, The National Academies Press, 2015.

② See P. Berg, "Meeting That Changed the World—Asilomar 1975: DNA Modification Secured", 455 *Nature* 290–291(2008).

学的实验室、政府资助的研究机构之中,大量医药企业内的生物实验室以及小型生物技术企业也是这股浪潮的重要参与者。"将研究发展到极限"意味着将生物医学的商业潜力发展到极限,而这条充分发展的技术通路,如果不加以调节,必然会在基因编辑问题上给我们造成更大的麻烦。因此,简单套用阿西洛马模式来完成对基因编辑的治理,恐怕只算是在这一复杂、困难的问题上迈出了很小的一步,[1] 甚至是在原地踏步,抑或是一种退步。

在华盛顿峰会后的第三年,贺建奎在中国的监管体制下钻空子做出了基因编辑婴儿。我们不能将贺建奎事件归咎于华盛顿峰会的失效,但巴尔的摩也在香港召开的第二届人类基因组峰会上疾呼,基因编辑婴儿的诞生正式宣告了科学界自我监管的失败。基因编辑的"阿西洛马时刻"带来的危机,已经无法通过阿西洛马会议所确立的自我监管、专家预警来解除了。对于中国,问题更加严峻,尽管贺建奎案已经尘埃落定,但是我们却一直在面临着一个难题,中国社会应该如何去对待新兴生物技术?是像美国一样作为一种技术产品去监管其后果,还是如欧洲一样,更多地关注其工艺与复杂性,在研发过程之中去预防风险的发生?如何在新兴技术的发展中平衡效率与安全性,复杂的审查与伦理治理是否意味着对创新的干扰?

四、走向新的多元参与的风险治理

生命科学的发展有助于实现国家的抱负,也有助于满足个人

---

[1] See Arie Rip, Haico te Kulve, "Constructive Technology Assessment and Socio-Technical Scenarios", in Erik Fisher, Cynthia Selin and Jameson Wetmore, (eds), *The Yearbook of Nanotechnology in Society: Presenting Futures*, Springer, 2008.

的自由与愿望。DNA 结构的发现及其后几十年遗传学和分子生物学的巨大发展,为科学与国家更紧密的结合奠定了基础。当代中国在科技高速发展的同时,相关的制度与伦理建设却被落在了身后,在这样匆忙的脚步中,中国正步入风险社会。要开拓性地发展新的技术治理进路,就必须认清历史带给我们的启示,不加反思地接纳意味着对未来的不负责任。

从阿西洛马会议到美国对重组 DNA 技术进行监管的案例体现出,新兴技术治理的本质,是根植于不同的政治社会文化中的。相同的技术,在不同的国家,其发展轨迹截然不同。政治文化在形成科学技术政策的过程中发挥着重要的作用,技术与社会文化之间形成了耦合机制,彼此适应、相互制约、共同发展。科学技术与社会的共生产理念(co-production)[①] 指出,国家的技术发展目标、实现这些目标所采纳的知识、可信性与合法性的标准,都是在知识的生产与规制的过程之中,被同步(simultaneously)建构出来的。也就是说,不同的政治与社会文化,将技术置放在了不同的框架之中——这让我们认识到技术无法仅依赖自身的属性来决定社会的选择,而是需要被置于一种解释背景之中,使之成为一个深思熟虑之行动或协作行动的起点。因此,在判断西方治理新兴技术的方式与进路是否适合中国之前,我们要对其框架以及形成这一框架的历史进行反思。专家共识和预警无法完全解决问题,科学家的自我约束不足以满足新技术的发展要求,照搬监管办法也必须考虑整体的制度框架,监管无法进入的市场与私人领

---

① See S. Jansanoff (ed.), *States of Knowledge: The Co-production of Science and Social-order*, Routledge, 2004, pp. 13–45.

域的新兴技术的治理问题亟待解决——这些反思会将我们带入对中国科技治理整体性的谋划中,如此才能建构一个面向未来的治理体系。

为了完成这一目标,许多社科学者与科学家已经开始尝试新的思路,不断思索技术如何能够更好地嵌入社会。如建构性技术评估(Constructive Technology Assessment, CTA)的核心思想是,围绕技术的社会问题,能够而且必须通过在技术设计和实施过程中各种各样的行动者(特别是社会行动者)的协同参与来解决。社会行动者是那些会受到技术所带来的健康、环境或其他方面的影响,但不直接参与技术研发的人。他们可能是消费者、雇员、公司、社会团体,等等。因此,CTA与传统的技术评估不同,传统的技术评估只局限于描绘特定技术选择的效果,而不试图直接影响设计过程。而这一进路旨在通过多元利益相关者的持续参与,为实现技术与社会发展的最佳结合而扩展关于技术的决策过程。[1]美国亚利桑那大学的戴维·加斯顿(David Guston)等人提出的实时技术评估(Real-time Technology Assessment)与CTA有着相似的路径,更注重技术的政策制定过程,力图在研究初期融合公众与研究者的价值,建立可预期的未来场景,并反思这些结论应该如何影响决策。[2]欧盟在"地平线2020"计划中将"负责任研究与创新"(Responsible Research and Innovation)作为重要目标和

---

[1] See Johan Schot, Arie Rip, "The Past and Future of Constructive Technology Assessment", 54 *Technological Forecasting and Social Change* 251–268(1997).

[2] See D. H. Guston, D. Sarewitz, "Real-time Technology Assessment," 24 *Technology in Society* 93–109(2002).

贯穿性议题,所有的科研项目都应该反思其研究的社会意义与价值。负责任研究与创新强调一个透明互动的过程,在这一过程中,社会行动者和创新者彼此相互反馈,充分考虑创新过程及其市场产品的(伦理)可接受性、可持续性和社会可取性,让科技发展适当地嵌入我们的社会中。① 这类研究的一个共同目标就是要将价值、社会选择与伦理等考虑融入科学技术的研究过程,从而尝试构建一种新的科学观——这种科学不仅要满足科学家的好奇心与优先权焦虑,更要满足科学的根本目标,即服务于生生不息的人类社会。然而,此类研究的弊端也显而易见,当科学家的利益、产业利益、未被定义的公众利益出现冲突的时候,没人能够真正代表利益受损方反对技术的进步与科学的发现。

我们可以看到,传统的科技风险与治理的模式,已经在不断的探索下,走向了一个新的、多元互构的新范式——对于科学技术与社会互动的种种可能性,我们并不只是通过事后的技术评估,抑或简单的对其安全问题的监管来完成,而是将技术的未来变成一种可选择的、可塑的、与社会更广大群体共同完成的开放过程。而这种范式的革命,带来了一种崭新的科学发展观,与此相互适应,我们应该去谋划超越已有的美国的产品监管范式,抑或是欧洲的预期治理范式。历史与现实告诉我们,阿西洛马会议代表的专家预警的模式具有重要的历史意义,但却无法应对新兴技术发展带来的挑战。

---

① See R. Von Schomberg, "A Vision of Responsible Innovation", in R. Owen, M. Heintz & J. Bessant (eds.), *Responsible Innovation: Managing the Responsible Emergence of Science and Innovation in Society*, John Wiley, 2013.

2018年,在德国的"推倒高墙会议"(Falling Wall Conference)上,麻省理工学院的生物学家凯文·埃斯维尔特(Kevin Esvelt)发表了振奋人心的演讲。这次会议的目标是希望人们能够推倒隔阂之墙,埃斯威尔特作为基因编辑与基因驱动技术的奠基人之一,想要推翻的是科学与社会之间的壁垒。他认为基因编辑技术需要的是一种科学与社会的新型关系,他在研究中会让当地的社区参与研究中的决策制定,并最大限度推动研究的透明与公开。他认为,如果不对科技体系进行全面的反思与重构,我们就会不断地重复面临科技被滥用以及科技风险的问题。[①] 我们面临的挑战不是监管的程序创可贴,科学的发展正在由传统的专家主导转向为多元主体共治的新时代。麻省理工学院的迈克尔·费希尔(Michael Fischer)教授高呼,我们要给科技以血肉(the Peopling of Technologies),是因为在后基因组时代,只有处理好科技与人、社会、环境甚至其他未知事物的关系,才有可能理解技术本身,才能更好地将技术进步转化为惠及全社会的福祉。

---

① See CRISPR Pioneer Kevin Esvelt Discusses Involving the Community in His Research, Synthego, https://www.synthego.com/blog/kevin-esvelt-interview (Accessed: Dec. 1st, 2022).

中西文化差异下的生命科技立法及我国基因编辑规制

宋凌巧

彭耀进

宋凌巧,加拿大麦吉尔大学(McGill University, Canada)基因政策研究中心(Center of Genomics and Policy)研究人员。生命科学学士、法律硕士、法学博士生。

彭耀进,中国科学院动物研究所、北京干细胞与再生医学研究院双聘"致一"研究员,科技伦理研究中心主任,中国科学院生命科学与医学伦理专业委员会主任。主要研究领域包括生命科技法与伦理、知识产权与标准、科技与创新政策等;研究成果以第一作者或/和通讯作者在 Nature Biotechnology, Cell Stem Cell 等期刊发表论文40余篇,主持或参与国家重点研发计划、中国科学院战略性先导科技专项、中国科协重大课题等项目十余项。担任 Nature, Cell Stem Cell, Journal of Medical Ethics, Health Care Analysis 等国际期刊审稿人,比利时弗兰德研究基金会(FWO)、欧洲科学基金会(ESF)等高级研究项目评审人。

生命科技立法看似非常遥远,它不同于民法贯穿我们的衣食住行、生老病死;也不像刑法关涉我们的惩奸除恶、除暴安良。生命科技立法却又极为重要,小到个人健康、生命安危,大到人类生存、社会福祉。克隆人是否应被禁止,人类胚胎可否用于科研,基因编辑如何应用于人体,可否通过基因编辑孕育智商超群、颜值一流、百毒不侵的超级婴儿等,这些问题的答案都与国家的生命科技立法息息相关。

进入二十一世纪,生命科学与生物技术(统称生命科技)持续飞速发展,取得了一系列的重要进展和重大突破,并正在加速从基础研究向应用领域推进,与人工智能、纳米科技等技术汇聚融合,逐渐渗透到医药、工业、环境、农业等多领域。① 相应地,调整生命科技与社会关系,协调人与自然、人与生命科技之间的关系之法律就是生命科技法律,其旨在推动生命科技朝着有利于人类的方向发展。② 法律对传统生命科技如试管婴儿、产前诊断检测、代孕等现象的规制,对前沿科技如基因编辑、嵌合体、类器官等的

---

① 参见科学技术部社会发展科技司、中国生物技术发展中心:《2020 中国生命科学与生物技术发展报告》,科学出版社 2020 年版,第 1 页。
② 参见倪正茂、陆庆胜等:《生命法学引论》,武汉大学出版社 2005 年版,第 2 页。

监管,均属生命科技立法范畴。如果说民事立法涉及普通百姓生活的方方面面,那么生命科技立法则涉及科技发展、公众健康、国家安全和人类的未来。

本文主要从三个方面来讨论生命科技立法:第一部分为国内外生命科技立法概览;第二部分为中西方文化差异下的生命科技立法;第三部分聚焦我国人类胚胎基因编辑技术的立法政策。

一、国内外生命科技立法概览

我国的生命科技立法主要由基本法和专门法或专门性规范性法律文件组成。根据法律文件的效力不同,自上而下又可以分为法律、行政法规、部门规章和其他规范性文件。法律是由我国最高立法机关全国人民代表大会及其常务委员会颁布的,例如2021年4月15日起施行的《生物安全法》[①]。从总体上来看,《生物安全法》可以被理解为保障生物安全、规范生命科技活动的法律,统领我国生物安全的立法方向,是系统性地对我国生物安全保障作出基础性、综合性规定的法律。生物安全领域的其他法律法规、规范性文件则应该围绕该法制定。此外,《民法典》《刑法》中也同样有规范生命科技领域的条款。当然,这些法律只设立与生命科技立法相关的抽象以及原则性的规定,确定了相关立法基调。规制生命科技的专门立法和具体的行政法规、规章则基于此应运而生,提供具体的执行规范。

生命科技立法涉及广泛的与科技相关的法律问题。其中一

---

① 十三届全国人大常委会第二十二次会议表决通过了《中华人民共和国生物安全法》(下文简称《生物安全法》),自2021年4月15日起施行。

个热门的话题就是在技术可行的前提下，法律是否应当允许创造"设计婴儿"。

近几年来，我国生命科技立法的发展呈现出蓬勃、多元且系统化的趋势，同时逐渐能够回应前沿生命科技的发展需求。例如，是否允许创造"设计婴儿"，如何规制基因改造植物或动物的生产、销售，是否可以克隆人，这些问题或多或少在我国法律中都有所涉及，但仍需前瞻性研判以及完善。生命科技专门法的制定、修改要求起草者具有较高的法律知识水平，以及生命科技尤其是前沿领域的专业知识；因而在大部分国家，科技主管部门通常成为这类规范的起草者。在我国，科学技术部和卫生健康委员会是生命科技及生物医学专门法的主要起草单位和执行单位。这些行政法规、规章以及规范性文件包括《人类遗传资源管理条例》《涉及人的生物医学研究伦理审查办法》《生物技术研究开发安全管理办法》《医疗技术临床应用管理办法》《人类辅助生殖技术管理办法》《人胚胎干细胞研究伦理指导原则》等。

为因应生命科技前沿的飞速发展，我国《刑法》也有相应调整。例如，《刑法修正案（十一）》新增条款，明确禁止"将基因编辑、克隆的人类胚胎植入人体或者动物体内，或者将基因编辑、克隆的动物胚胎植入人体内"的行为。

就其他典型国家的生命科技立法而言，与我国相似，一些主要欧美国家对于生命科技的规定也是自上而下的，从法律位阶较高的法律到政府部门规章，再到生命伦理的具体性规定或指南。如美国，其联邦法律《联邦食品、药品和化妆品法》(Federal Food, Drug, and Cosmetic Act)中涵盖了对药品和医疗器材的规定。另一部法律《公共卫生服务法》(Public Health Service Act)包含对于生物制品(Biological products)的规定;政府规章如《关于人的照护和实验动物使用的公共卫生服务政策》(Public Health Service Policy on Human Care and Use of Laboratory Animals)则适用政府资助的医疗研究项目;生命伦理规定如美国卫生与公众服务部的《美国联邦受试者保护通则》(Federal Policy for the Protection of Human Subjects,通常被称为Common Rule)适用于政府资助的涉及将人类作为实验对象的生命科技项目。

在欧洲国家中,德国于1990年就颁布了《人类胚胎保护法》(Embryo Protection Act),将有关人类胚胎的研究和应用纳入严格的监管框架;1993年颁布了《基因工程法》(Genetic Engineering Act),对于基因工程进行规制;2009年颁布了《基因检测法》(Genetic Diagnostics Act),将基因检测纳入法律轨道,并且对于保险公司和雇佣单位合法使用基因信息作出了规定。法国在生命科技领域的立法可以追溯到1988年颁布的《保护生物医学研究的参与者法》(Loi Huriet-Séruscalt),之后在这基础上形成并颁布了《生物伦理法典》(Lois de bioéthique)。在一些中东国家中,以色列在生命科技及其立法方面较为先进,早在1999年就颁布了《禁止基因干预法》(Prohibition of Genetic Intervention Law),明确禁止人类生殖性克隆。

二、中西文化差异下的生命科技立法

一个国家的法律制度不能脱离产生该制度的社会文化土壤。关于不同国家地区之间文化差异的例子在生活中不胜枚举,比如在某些西方国家文化中,会认为在餐厅里吃饭发出声音不太文明,而在日本文化中,吃拉面时发出声音,则是对厨师的赞美。又如,在中国文化中,对于父母长辈不能直呼其名,而在一些其他文化里并无此忌讳。社会文化差异也会体现在各国立法中,甚至有些制度差异还可能引起不小的社会争议。比如我国将重婚入刑,以维护一夫一妻制下的稳定婚姻关系。然而,在某些国家的法律中,一夫多妻制度广泛存在。这种法律制度的差异是建立在各国社会文化环境基础之上的,由其特定的经济、政治、文化因素所决定。如果脱离法律产生的土壤,对于同一社会关系,冠以全球通用的法律准则是不可行的。所谓甲之蜜糖、乙之砒霜,具体的法律制度应当考虑该国的实际情况。

作为科技立法中最为重要的分支之一,生命科技立法同样需要充分考虑本国国情;由此讨论中西文化差异,确有必要。[1]生命科技立法受到国家发展的整体规划、社会发展要求、当地文化传统、社会道德的影响。[2]当我们发现一国法律制度很"奇葩"时,应从深层文化切入,考量其特殊的"合理性"。我国在立法及制度构建时通常尊重国际通行法律原则,但不盲目照搬照套,而是选择适合我国国情的法律制度。

---

[1] 本部分中我们列举了一些在中西文化中可能引起生命科技政策差别的文化渊源,在这里用"中西"二字大致区分中国和西方国家。"中"代表"中国",而"西"则是泛指包括美国、加拿大、英国、法国等在内的主要欧美国家。当然,这些西方国家之间也会有诸多差异,在这里,我们仅提炼这些西方文化中的相似之处,与中国生命科技立法文化相比较。

[2] 参见刘德良:《生物技术法》,清华大学出版社、北京交通大学出版社2009年版,第1—6页。

生命科技立法与生命科学、生物技术息息相关,而生命科技研究的重要对象之一就是人类本身。所以对于如何看待"人"作为科学研究的对象和人与其他人之间的关系是生命科技立法的重要基石。儒家思想对我国公众的文化价值观影响较深,因而也潜在影响到公众对人体组织、器官的道德观。《孝经》有云:"身体发肤,受之父母。"也就是说在儒家观点看来,个人对于自己的身体并没有完全的控制权,而是由父母决定的。而对于西方个人主义思想来说,人首先是独立于他人,且独立于父母的个体存在。象征着个体的自治权(autonomy)就是对于个人身体的支配权,其在法律和生命伦理视角上的体现就是绝对的"知情同意权"。对于任何处置自己身体的决定都要通过个人的知情同意。[1]

然而,我国法律法规中不乏"亲属知情同意"的规定,如《医疗机构管理条例》第三十二条规定:"……不能或者不宜向患者说明的,应当向患者的近亲属说明,并取得其明确同意……"《民法典》第一千二百一十九条第一款规定:"医务人员在诊疗活动中……不能或不宜向患者说明的,应当向患者的近亲属说明,并取得其明确同意。"

在不了解上述特殊文化背景的前提下,有别于西方法律制度的我国立法很可能被认为"不尊重个人权利保护""违反国际通行的个人自主权保护原则"等。然而,这很大可能是来源于中西文化对于"个人"定义的不同而已。中国文化语境下,关于"人"和"自己"的定义是不能脱离其他家庭成员而独立存在的,个人是

---

[1] See Graeme Laurie, *Genetic Privacy: A Challenge to Medico-legal Norms*, Cambridge University Press, 2002, p.79.

家庭的一部分。当然,家属的知情同意权的出现,也可能与早年我国医疗保障系统不健全有关,常常是一人生病,全家支援,仅凭一人之力,很难承担高昂的医疗费用。这种情况在加拿大和欧洲等实行全民医疗的国家却很少出现,因为国家医疗覆盖全部或者大部分的医疗费用,个人不需要借助外力就可以负担医疗费用,所以除未成年人和行为能力有缺陷的人需要得到监护人的同意之外,个人知情同意就已足够。如今随着全民医疗的不断普及和个人意识的发展,我们会发现,对个人权利的保护在我国法律体系中逐渐得到加强。如2019年颁布的《人类遗传资源管理条例》就不再出现关于"家属知情同意权"的规定。在《民法典》中也定义了隐私权和个人信息两个相互独立的法律概念。

中西文化差异对于生命科技立法的影响,还体现在如何看待人与人之间的关系上。中国文化语境下,将个人看成家庭的一部分,而家庭是社会的组成单位,任何人都不能脱离家庭和社会而独立存在。《论语》"四海之内皆兄弟"的论述正是将人与人之间的紧密联系形容成类亲属关系。"家国同构"一词集中概括了作为社会组成单位的"家"与"国"之间的关系:家国紧密不分,家是最小国,国是千万家。

我国文化中这种人与人,人与家庭、社会、国家的集体主义思想,也体现在生命科技立法之中。从集体主义的滤镜下,去看这个色彩斑斓的生命科技立法就会更加清晰。现行立法的很多法条都是以保护国家利益、集体利益为核心。例如,《生物安全法》第五十五条规定:"采集、保藏、利用、对外提供我国人类遗传资源,……不得危害公众健康、国家安全和社会公共利益。"《民法典》第一千零九条规定:"从事与人体基因、人体胚胎等有关的医学和科研活动,应当遵守法律、行政法规和国家有关规定,不得危害人体健康,不得违背伦理道德,不得损害公共利益。"这些法律规定不仅强调伦理道德,还包含了集体主义思想,可能会引起西方国家的不解。

当然,公共安全和公共利益,也是西方社会所关注的。特别是大陆法系国家,如法国,在其刑法中有关于保护公共安全、公共利益的规定。但是相较而言,中国法律体系对于公共利益的考虑更加普遍,大多数公法和私法中均有关于不得违背公共利益的兜底条款。

从表面上看,我国法律重视国家利益、集体利益,而忽视个人权益保护。然而,从家国同构的角度来看,在中国文化语境下,个人利益、家族利益和国家利益是统一的整体,如三个相互包含、密不可分的整体,而不是相互独立的个体。对于西方文化而言,国家和个人的关系更像是平等主体之间的平行关系,个人利益并非必然是国家利益的组成部分。西方大部分国家的浓郁的个人主义色彩有其内在的历史和文化原因——西方世界主要以海洋文明为主,该文明以征服和探索新世界为拓展其疆土的主要方式,其延伸出来的"批判主义"(Criticism)和"个人主义"(Individualism)体现在其立法上。对于个人权利和个人财产的保护是其重点,西方文化中"自由"(liberty)、"个人自治"(autonomy)则是主要价值,而相对忽视集体利益,因而在西方生命科技立法中强调的"个人自治""知情同意"(informed consent)等,是极为重要的伦理原则和法律制度。

同时,诸如加拿大、澳大利亚、新西兰等西方国家为移民国,种族混居、文化多元,公众没有根深蒂固的"国"与"家"的观念。由于移民本身所具有的、包含原国家的和移民国的多重身份,因而很难有强烈的"国家"的归属感。与此相对,中华大地以农耕文明为主要形态,大多数人世代在同一地带生存,形成了家族成员之间的相互依靠以及对土地的强烈依赖,集体主义在此有着天然的生长土壤。

在生命科技立法中,我国人类遗传资源以国家资源概念来保护,这与某些西方国家大相径庭,引起了热议。我国的《人类遗传资源管理条例》将人类遗传资源作为国家资源进行保护,似乎与现行的国际惯例格格不入,却有其内在原因。中国并非世界上唯一对人类遗传资源进行行政管理的国家,印度、巴西、墨西哥等国自二十世纪九十年代起就已采用相似的监管模式,保护人类遗传资源。不难发现,采取特殊行政手段保护国内人类遗传资源的国家中,多数为发展中国家,这些国家的特点与中国相似,人口众多、流动性较小,很多人世代居住在一个地方,对于遗传学研究来说,是非常好的样本。因为经济发展相对落后,因此这些发展中国家的民众便常常成为某些发达国家违规科研的对象。①

墨西哥就在其《全国健康法》中对于该国的人类基因资源进

---

① See Valbona Muzaka, Omar Ramon Serrano, "Teaming up? China, India and Brazil and the Issue of Benefit-Sharing from Genetic Resource Use," 25(5) *New Political Economy*, 734–754(2019); Ernesto Schwartz-Marín, Alberto Arellano Méndez, "The Law of Genomic Sovereignty and the Protection of 'Mexican Genetic Patrimony'," 31(2) *Medicine and Law* 283–294(2012).

行管制,意图保护其遗传资源不受美国等西方发达国家的基因掠夺。究其深层的原因,是发达国家拥有前沿的生命科技,却为了节省实验成本和规避复杂的国内伦理审查,而选择在立法不太健全、科技发展较为滞后的发展中国家进行实验。发达国家经过研究开发生产出药物,获得专利保护,同时获得了大量的商业利润,而为研究提供大量遗传标本和信息的发展中国家却没有太多的获利,利益分配严重失衡,是导致这些国家竞相立法限制本国遗传资源使用的关键原因。二十世纪九十年代,我国也发生了类似的人类遗传资源被滥用的问题,因此人类遗传资源保护问题被推上了风口浪尖。[①] 在这一背景下,1998 年,科技部和原卫生部共同颁布了《人类遗传资源管理暂行办法》,从此结束了我国遗传资源管理无法可依、大量本国人类遗传资源被国外研究者滥用的情形。

三、中国的基因编辑立法

基因编辑技术作为最热门亦是具争议性的生命科技之一,对其立法规制几乎是当前所有国家生命科技立法不可回避的议题。随着基因编辑技术在生物医学领域应用的逐渐加深,2019 年以来,我国陆续出台了《民法典》和《刑法修正案(十一)》以规制基因编辑技术的应用。

根据应用目的,我们大致可以将基因编辑的临床应用分为

[①] See Margaret Sleeboom, "The Harvard Case of Xu Xiping: Exploitation of the People, Scientific Advance, or Genetic Theft?", 24(1) *New Genet Soc.* 57–78(2005).

两类:治疗和增强。"基因治疗"也就是用基因编辑这把剪刀,将致病基因拆除,同时用胶水粘上健康的基因。而"基因改造",则是"锦上添花",相当于给基因进行"美容",形成更加完美的基因。比如,一个人五官功能齐全且健康,但是希望自己眼睛更大一些、鼻梁更高一些,那么科学家在确定控制五官的基因后,可以对其进行编辑改造,从而产生"完美婴儿"。2012年CRISPR/Cas9技术诞生以来,大众开始逐渐了解这一前沿技术,有些人甚至为可以创造出"超级婴儿"而欢呼振奋,认为这是人类科技史的伟大创举。然而,完美婴儿真的会让这个世界变得更加"完美"吗?

我们姑且不谈该项技术的安全性和有效性,假设未来某天技术上允许人类按照自己的意愿编辑基因,我们需要思考的首要问题就是,谁将拥有"完美婴儿"?那一定是社会上占有较多社会资源和财富的人群。从此以后,这些社会精英们就不再需要买学区房或者送国际学校了,而是直接用基因编辑技术,编辑出一个"完美"的孩子。而社会其他阶层的人,却无法享受这一科技带来的福利,社会各阶层的差异和歧视随之而来,越加严重,社会恐将动荡不安。正如电影《千钧一发》中展现的世界一样,人的一生能从事何种工作,不再由个人的后天努力、勤奋所改变,而是在出生前就已经由编辑好的基因所决定。

电影《千钧一发》描绘了一个可以任意编辑人体基因的时代,所有人的人生从出生那刻就已经被决定了,富人可以定制基因,穷人只能永远生活在底层。这样的社会真的是我们所期待的乌托邦吗?

图一 电影《千钧一发》海报

当然,可能会有人提出,如果科技可以足够普及,使所有阶级的人们都能享受该技术,可以编辑获得"完美"的后代,这难道不是一件消除阶级差异的好事吗? 如果这种情况出现,那么首先,奥运会的口号"更快、更高、更强"就要先改成"一样快、一样高、一样强"了。那将不再是奥运健儿的比拼,而是一群科学家,在流水线上竞赛编辑基因来生产"完美婴儿"。这可能会使原来色彩缤纷、差异不同的人类,变得趋于一致,而没有独特性。就像是整容手术后,大街上出现的全是一群高鼻梁、大眼睛、符合三庭五眼的标准美女,却失去了人与人之间的差异性。所以,科技也许在未来的某一天可以达到编辑基因创造"完美婴儿"的水平,但是,人类理性和伦理恐怕不能接受这种社会的到来。

那么,当前国际上的主要国家对于基因编辑人类生殖系是如何规制的呢? 实际上,无论是以研究为目的还是以生殖为目的,该技术皆长期饱受伦理争议。目前,世界上多数技术发达的国家或地区均通过立法明令禁止以生殖为目的的人类生殖系基因编辑,比如英国、德国、法国、澳大利亚、加拿大等国,且这些国家均课以重刑以预防该行为的发生。针对以研究为目的的人类生殖系基因编辑,各国的法律规定及监管则不尽相同。其中,英国基本已经建立起相对完善的法律规制体系,有相对明确的法律规定,由国家层面的机构进行监管以保障与胚胎有关的研究和辅助生殖临床治疗的有序进行。如前所述,美国则是在联邦层面通过对联邦经费的调控以规制胚胎有关的研究,但并未出台专门的联邦法,而美国各州则拥有各自一定程度上的立法权,以规制人类生殖系的基因编辑。日本则是依靠政府部门所制定的指南。由此可见,世界各国在如何利用法律规制、监管人类生殖系基因编辑的问题上,并未形成一致做法。

加拿大是较早将生殖性基因编辑研究入刑的国家。[①] 早在 2004 年,加拿大就颁布《人类辅助生殖法》(Assisted Human Reproduction Act),禁止"生成人类胚胎""人畜合子""生殖系基因编辑"的研究和临床应用,编辑人类基因的违法行为最高可以被判处十年有期徒刑。这里的"生殖系基因编辑"涵盖了线粒体置换技术以及关于生殖系基因编辑的基础研究和临床前研究。该法律的起草源于当时特殊的国际生命科技发展环境,如 1996 年克隆羊"多利"(Dolly)的诞生和 2003 年的雷利安克隆骗局(Raelian Clonaid hoax)[②]。这一特殊历史背景催生了加拿大对于再生医学研究较为严格的规制政策。

这一保守做法无疑引致加拿大诸多学者的质疑,同时这些学者要求对于已经由科学证实可靠的、不存在伦理争议的基因技术应用应当被适度开放,否则将严重影响基因技术解决人类疾病问题,进而阻碍生命科技的进步。[③] 加拿大著名的基因伦理学家克诺博斯(Bartha Maria Knoppers)联合其他学者,共同起草了一项

[①] See Erika Kleiderman, Ian Norris Kellner Stedman, "Human Germline Genome Editing is Illegal in Canada, but Could It Be Desirable for Some Members of the Rare Disease Community?", 11(2) *Journal of Community Genetics* 129–138 (2020).

[②] 1997 年,雷尔教(Raelian movement,以克隆人为神学核心的邪教组织)成立了克隆援助公司(Clonaid),并于 2002 年声称已成功克隆人类。但是该公司无法提供确切证据以证明克隆人类的存在。该行为也引起了美国、加拿大、英国、法国对本国克隆相关科技法律的修订。

[③] See Bartha Maria Knoppers et al., "Human Gene Editing: Revisiting Canadian Policy", 2 *NPJ Regen Medicine* (2017).

关于基因编辑、基因检测和再生医学的倡议书。她指出，2004年的加拿大《人类辅助生殖法》已经不能适应当前科技的发展，①应当允许在早期人类生殖细胞和胚胎上的基础研究和临床前研究，应当允许线粒体置换技术的临床应用。②可惜的是，时至今日，加拿大仍未放开对于生殖系基因编辑的基础研究和临床前研究，更别说临床应用了。

与加拿大的严厉禁止不同，英国是最早通过立法有限度地允许体外人工授精、人类胚胎研究、干细胞研究和基因治疗的国家之一。1982年的人类受精和胚胎学委员会起草的《沃诺克报告》（Warnock Report）成为英国在该领域的立法框架基础。该报告建议人类胚胎研究应当遵循法律规定和批准性原则。③基于该报告，1990年《人类受精与胚胎学法案》（Human Fertilization and Embryology Act）应运而生，人类受精和胚胎学管理局为该法的执行机构。④在英国，基因编辑人类胚胎的研究，统一采用审批制度，人类受精和胚胎学管理局审理研究项目本身的"必要性或者适宜

---

① See Consensus Statement: Gene Editing, Genetic Testing and Reproductive Medicine in Canada, https://stemcellnetwork.ca/wp-content/uploads/2018/02/Consensus-Statement_.pdf (Accessed: Aug 6th, 2021,).

② See B. M. Knoppers, M. T. Nguyen, F. Noohi and E. Kleinderman, "Human Genome Editing: Ethical and Policy Considerations", 2018, https://www.researchgate.net/publication/332528258_Human_Genome_Editing_Ethical_and_Policy_Considerations (Accessed: Aug 6th, 2021).

③ See Lingqiao Song, Rosario Isasi, *The Regulation of Human Germline Genome Modification in the People's Republic of China*, Cambridge University Press, 2019, pp. 469-499.

④ 参见英国人类受精和胚胎学管理委员会官网：https://www.hfea.gov.uk/，访问日期：2021年8月16日。

性",批准符合规定的项目。① 2016年,该委员会批准了第一个利用CRISPR/Cas编辑人类胚胎的基础研究项目。②《人类受精与胚胎学法案》还规定没有获得批准而进行研究的人,最高可被判处两年有期徒刑。③但是对于生殖系基因编辑的临床应用,仍然处于禁止状态,该规定也在2008年《人类受精与胚胎学法案》修正案中被进一步明确:禁止利用基因改造过的配子和胚胎进行临床应用。

鉴于历史因素,德国在胚胎的使用方面态度保守,其《胚胎保护法案》明确禁止为任何目的而创造胚胎,除非为帮助妇女生育。根据该法案,任何以生殖为目的而人为改变人类生殖细胞的遗传信息的行为,将被处以最高五年的监禁或者罚款;任何使用被基因编辑过的配子的人,也将受到处罚;犯罪未遂也可能面临处罚。在法国,民法典禁止任何人侵害人种之完整性,禁止旨在组织对人进行选择性的任何优生学实践活动,禁止任何旨在改变人的后代、改造人的遗传特征的行为。对于"旨在组织对人进行选择性的任何优生学实践活动"的人,《法国刑法典》规定将处以三十年监禁,并处750万欧元罚金。在澳大利亚,依据2002年的《禁止克隆人法案》(Prohibition of Human Cloning Act 2002),改变人细胞的基因组且将该改变遗传到后代的人,可

---

① 参见英国《人类受精与胚胎学法案》(Human Fertilisation and Embryology Act)(1990)。

② See Ewen Callaway, "UK Scientists Gain Licence to Edit Genes in Human Embryos", 530 *Nature* 18(2016).

③ 参见英国《人类受精与胚胎学法案》(Human Fertilisation and Embryology Act)(1990)。

能面临最高十五年的监禁。

我国关于基因编辑技术的相关法律规定可见于2003年由原卫生部颁布的《人类辅助生殖技术规范》中,该文件明确规定"禁止以生殖为目的,对人类配子、合子和胚胎进行基因操作"。2003年科技部和原卫生部联合下发的《人胚胎干细胞研究伦理指导原则》明确规定可以以研究为目的对人体胚胎实施基因编辑和修饰,但必须遵守"14天限制"。同时,2016年颁布的《涉及人的生物医学研究伦理审查办法》规定了对于一切涉及人的生物医学研究应遵守经过个人知情同意、伦理审查等伦理标准。该一般性规定,同样适用于人生殖系基因编辑的研究。然而,这些规定均为部门规章或规范性文件,法律位阶较低,效力有限。

表一 典型国家关于人类生殖系基因编辑临床应用的法律规制[①]

国家	中国	法国	德国	加拿大	澳大利亚
法律或法规	部门规章或者规范性文件	《民法典》《刑法典》	《胚胎保护法案》(1990)	《人类辅助生殖法案》(2004)	《禁止克隆人法案》
法律责任	警告和行政处罚	最高判处30年有期徒刑和750万欧元的罚金	最高判处5年有期徒刑	最高判处10年有期徒刑和50万加币罚金	最高判处15年有期徒刑

---

① 2020年前,我国与法国、德国、加拿大、澳大利亚四国对于人生殖系基因编辑临床应用的法律责任对比。这四个国家均将人生殖系基因编辑纳入刑法规制领域。法国在其民法典中也有所规定。相比较而言,我国的立法位阶较低,主要惩罚措施为警告和行政处罚。

自 2019 年起,我国颁布的多项法律和行政法规进一步完善了基因编辑技术规范,并且在《生物安全法》《民法典》和《刑法》修正案中也有所体现。2021 年起施行的《生物安全法》第八十二条第一分句规定,"违反本法规定,构成犯罪的,依法追究刑事责任"。该条款与《刑法修正案(十一)》相呼应。我国《刑法修正案(十一)》新增条款明确禁止"将基因编辑、克隆的人类胚胎植入人体或者动物体内,或者将基因编辑、克隆的动物胚胎植入人体内"的行为。同时,2021 年起施行的《民法典》第一千零九条规定:"从事与人体基因、人体胚胎等有关的医学和科研活动,应当遵守法律、行政法规和国家有关规定,不得危害人体健康,不得违背伦理道德,不得损害公共利益。"当然,除去《民法典》和《刑法》修正案新增条款,行政法规或部门规章也尤为重要。2023 年施行的《人类遗传资源管理条例实施细则》对于人类遗传资源的合理使用进行了较为细化的规定。但是,随着生命科学技术的不断革新,相应的法律规定也应当定时修正、更新,立法者应当在充分理解科技发展、应用的前沿,研判相关伦理、社会和法律风险的前提之下,基于我国的社会伦理文化价值观,不断推进完善生命科技领域的法律体系,以推动包括基因编辑在内的生命科技健康有序发展,进而造福人类。同时,我国也应积极参与国家间关于生命科技立法的探讨和合作,及时了解关于其他国家生命科技立法最新动态,回应社会关切。这样才能保证生命科技发展的同时,协调国际通行规范和我国特有的文化传统。

激进的基因和隐藏的自然

—— 生物艺术的前世今生

魏颖

魏　颖

魏颖，活跃在全球科技艺术领域的策展人和研究者，泛生物艺术工作室的创始人。近期的兴趣方向为科技艺术史，生命环境、数字技术等新兴媒介与艺术结合的领域。

担任欧盟科技艺术奖（STARTS）、ISEA等国际项目的顾问/审稿人，中国当代艺术年鉴编委等。策划的展览包括"竹子作为方法""准自然——生物艺术，边界与实验室""科技艺术四十年""林茨电子艺术节四十周年文献展"等。

她在《信睿周报》开设"科技艺术+"专栏，并策划多场科技人文跨界论坛/工作坊，包括"科技艺术史工作坊"（中央美术学院）、"可编辑的未来——基因编辑的技术·哲学·法律·艺术维度"（中央美术学院美术馆）、"控制论、艺术与数字文化"（尤伦斯当代艺术中心）、"生物艺术工作坊"（中国科学院遗传与发育生物学研究所）等。

一切需要从诺贝尔奖章说起。

2020年,诺贝尔化学奖被授予了两位女性科学家,埃玛纽埃尔·沙尔庞捷和珍妮弗·A.杜德纳,授奖词写道:"生物体的生命进程是由DNA片段所组成的基因控制的。在2012年,沙尔庞捷和杜德纳发展出一种高精度改变基因的方法论。她们利用细菌的免疫防御,用一种基因剪刀切断病毒的DNA来使病毒失效。通过提取并简化基因剪刀的分子成分,她们制造出一种可在预定位点切割任何DNA分子的工具。CRISPR/Cas9基因剪刀可以引领新的科学发现、产生更好的作物,同时也是抗击癌症和遗传病的新武器。"①

图一　诺贝尔化学奖奖章

而当我们将目光转向两人所获得的诺贝尔化学奖的奖章,看到奖章上并立着两位人物。左侧的云端中伫立着自然的拟人形象——伊西斯女神,她的右手捧着象征丰饶的羊角(cornucopia),头上覆盖着面纱。在伊西斯右侧掀起她面纱的正是科学天才(Genius

---

① 参见诺贝尔奖网站(https://www.nobelprize.org/prizes/chemistry/2020/charpentier/facts/)关于两位获奖者的介绍。

of Science),她尝试将伊西斯"冷酷而严峻"[1]的脸庞昭示于天下,所隐喻的正是探索人类知识最前沿的科学家,诺贝尔奖的获得者们即在此列之中。获得这枚奖章的科学家无疑将成为知识宇宙中最被铭记的星群,但是伊西斯所代表的"自然"以及她身边的"科学",是否仅仅是像奖章这样"揭示"与"被揭示"的简单关系?

一、自然爱隐藏

法国哲学家皮埃尔·阿多(Pierre Hadot)曾描述过,我们对待自然秘密有两种基本态度:一种是唯意志论的,另一种是沉思的。[2]前者是普罗米修斯式的态度,主张人有权统治自然,如有必要还可以审讯甚至拷问自然,以使其吐露秘密。若自然对抗人类,则人类应该使其屈服。自然在这个语境里总有一种抗拒,因此在揭开伊西斯面纱时,人们看到的总是一副冷酷的面庞。而后者则持有俄耳浦斯式的态度,他们认为如果自然试图隐藏,是因为发现她的秘密对人类很危险,更糟糕的是导致不可预见的后果,因此哲学进路或者审美进路才是认识自然的最佳途径。换句话说,除了科学这样迫近而直接的视角,我们或者还需要一种远观且更为松弛的审美视角,而两者并不矛盾,都能接触到对自然最真实的认知。

在近代科学的帮助下,伊西斯的面庞愈发清晰,而生物学则是二十世纪发展最为迅猛的学科之一。有趣的是,在十九世纪之前却鲜有对于它的讨论,这并非没有缘由。福柯曾认为,在古典

---

[1] 参见诺贝尔奖网站(https://www.nobelprize.org/prizes/facts/the-nobel-medal-for-physics-and-chemistry/)关于诺贝尔物理学奖和化学奖的介绍。

[2] 参见〔法〕皮埃尔·阿多:《伊西斯的面纱:自然的观念史随笔》(第二版),张卜天译,华东师范大学出版社2019年版。

时期没有生命，没有生命科学，存在的只有生物，人们通过自然史构成的知识网格来看待它们。那时的"生物学"也许仅仅是一种混杂着巫术、医学、博物学的暧昧的前现代科学。而自1802年人们首次提出"生物学"之后，其领域一直处于扩张之中。1953年DNA双螺旋结构以及中心法则的发现是生物学史中非常重要的节点，生物学逐渐从一门观察性的、具象的学科，转化为实验性的、抽象的领域，"基因"也随之成为最为流行的科学词汇之一。

基因源于希腊语 genos，意为"繁衍"，1909年由丹麦遗传学家威廉·约翰森提出。基因是身体中延续遗传的物质，成为二十世纪生命科学在范式转换后的重要象征。随着计算技术和生物信息学的发展，更多的操作来自其四种碱基——ACTG 的代码在数字世界中开始自由拼贴、组合与复制，并且转而给实体世界中的生命物质赋能。基因也逐渐从单一的物质属性，具有更鲜明的数字属性，甚至成为在两个世界中自由转化的符号。乔治·康吉莱姆（Georges Canguilhem）曾感叹道，曾经的人们将生命科学理解为生命的肖像，但是在分子生物学的范式转换之后，生命更接近于语法学和语义学。如果我们想要理解生命，就需要学会解码，之后再去解读它。[①] 同样，由于 PCR 技术，以及 CRISPR/Cas9 基因编辑技术的操作变得更为简易、商业价格变得更为低廉，基因逐渐从一个遥不可及的名词，变成了科学家和大众可以触及甚至操纵的一种元素，由此基因也处在了"人工"和"自然"这对名词的对立焦点之上。康吉莱姆认为在这种语境中，当代生物学便成

[①] Georges Canguilhem, *Knowledge and the Living, A Vital Rationalist: Selected Writings from Georges Canguilhem*, MIT Press, 2000, p317.

为一种关于生命的哲学。① 更多的问题开始被提出：我们有能力改变自己吗，我们有能力改变他人吗，或者其他物种？我们是否被允许改变自己，我们是否被允许改变他人，或者其他物种？面对这样的疑问和跃跃欲试，我们这个时代的艺术家开始将基因纳入自己的工具库，而这样的"特权"或许是他们的前辈们全然无法想象的。

二、基因作为艺术媒介

艺术家对于基因这一媒介的使用同样可以分为行动和沉思两种方式。在生物艺术诞生的初期，大部分艺术家具有接触新技术后的狂热（在艺术和技术结合的悠长历史上，这样的例子比比皆是），因而在他们自己所打造的技术乌托邦中，产生了大量普罗米修斯态度的作品。他们借助最前沿的生物技术，去改变其他物种的基因或产生全新的物种。

艺术家爱德华多·卡茨（Eduardo Kac）是一位在实践和理论层面都进行得较为深入的艺术家。他在 1997 年，提出了"生物艺术"（Bio Art）一词，试图对一种全新的艺术形式进行定义；1998 年，他又引入了"转基因艺术"（Transgenic Art）一词，并在随后的三年中以每年一件新作品的速度，创作了"转基因三部曲"。在 1999 年，卡茨的转基因艺术中的第一件作品《创世记》（Genesis）的灵感，源于《圣经·创世记》中的一个句子："让人管理海里的鱼，空中的鸟，和地上各样行动的活物。"（Let man have dominion over the fish of the sea, and over the fowl of the air and over every

---

① Georges Canguilhem, *Knowledge and the Living, A Vital Rationalist: Selected Writings from Georges Canguilhem*, MIT Press, 2000, p. 319.

living thing that moves upon the earth.）卡茨设定了转码的规则,将英文字母转化为莫斯代码,再将莫斯代码转为一段基因——代表四种碱基的字母（ACTG）。艺术家随后将这段人工定制的基因转到细菌自身的基因组里,并将具有菌落的培养皿呈现于画廊之中。身处全球各处的互联网使用者们则可以登录一个专门的网站去远程操控画廊中的紫外线,而紫外线可以诱导基因中的碱基发生随机突变。在展览结束之后,这段基因被转译回莫斯代码,之后再转译为英文。《圣经》中的句子,代表西方宗教对于人类中心主义根深蒂固的支持——人类具有对于自然的统治权;而来自

图二　爱德华多·卡茨作品《创世记》现场

图三　爱德华多·卡茨作品《荧光绿兔》

图四　爱德华多·卡茨和荧光绿兔

网民们的随机操作使得句子变得支离破碎,或者说,至少无法组成完整的句子。观众也惊奇地发现了基因在某种程度上也是一种语言,它可以被书写和修改,并且这种语言在某种程度上能够操控生命本身。

第二件作品《荧光绿兔》[①](*GFP Bunny*)的影响力则超越了艺术圈,甚至进入了大众流行文化领域之中,故事可以追溯到 2000 年。在法国科学家的帮助下,兔子"阿尔巴"(Alba)诞生于法国的茹伊昂若萨,兔子的基因组中被转入了一段绿色荧光蛋白[②](green fluorescent protein, GFP)基因,因此能在特定的光段下

---

① Eduardo Kac, *GFP Bunny*, 2000, transgenic artwork, Alba, the fluorescent rabbit.

② 绿色荧光蛋白是一种由约 238 个氨基酸组成的蛋白质,最早提取于水母之中。

发出绿色荧光。艺术家原来的计划是将阿尔巴带回芝加哥的家中，与其共同生活。但是出于某种顾虑，阿尔巴所诞生的机构并没有实现这一要求。因此艺术家开展了一系列公共介入，试图引起巴黎市民的关注并争取到阿尔巴的"抚养权"，艺术家制作了一系列海报，七种海报上有七个法语词：艺术、媒体、科学、伦理（道德）、宗教、自然和家庭，分别指涉与此事件有关的各种元素。此事进一步引起了媒体的广泛报道，并爆发了关于阿尔巴作为转基因生物是否能被认为是艺术、它的存在是否合法、人与神的关系是否在新的世纪需要被改写、基因操作的伦理问题、转基因生物是否能为自己争取与非转基因动物平等的权利等一系列讨论。艺术家还设置了一个网站，全球的网民都能实名或者匿名留下对于此事的看法，现在看来这无疑是千禧年后、全球范围内的人群对于生物/艺术/伦理等问题看法的一份珍贵文献。

在2001年，第三部曲《第八日》（The Eighth Day）则将作品的规模进一步扩大。荧光生物通常在各自隔绝的实验室中产生，而在《第八日》中，它们集体亮相并创造了一个新的世界。这些生物包括绿色荧光蛋白植物、阿米巴虫、鱼类和老鼠等，它们被安置在一个泛着

图五　爱德华多·卡茨作品《第八日》

蓝光的半球中，令人联想到地球。而线上的观众可以通过摄像头俯视这个充满转基因生物的空间，正如一个假想的上帝在俯视一个充满转基因生物的地球。在显而易见的上帝视角的安排之下，艺术家是否也意图提问，如果地球上充满了经过基因修饰的生物，那么天然生物是否反而成为异类？

相比卡茨，另一些艺术家则没有通过激进的手段去进行基因改造，而是转向了思考基因工程技术对于社会的深刻影响，《陌生人印象》(*Stranger Visions*)无疑是艺术沉思进路中令人印象深刻的作品。艺术家希瑟·杜威-哈格博格(Heather Dewey-Hagborg)的作品用一种疏离却又迫近的姿态探讨了基因隐私。她在纽约各处的公共空间收集陌生人的DNA痕迹，包括咀嚼过的口香糖、废弃的烟头以及掉落的头发，提取上面的DNA，并使用程序由3D打印生成"陌生人"脸庞。在展览现场，观众可以看到一排与真人等大的脸庞，每个脸庞之下对应着一个档案盒，里面是样本获得之处的现场照片，以及样本被发现时的场景，以及一些信息包括：收集时间、地点、样本中与面容相关的位点信息(性别、人种、瞳孔颜色、鼻翼信息、肥胖度等)。艺术家和这些人从未相遇过，也没有生活上的交集，是真正

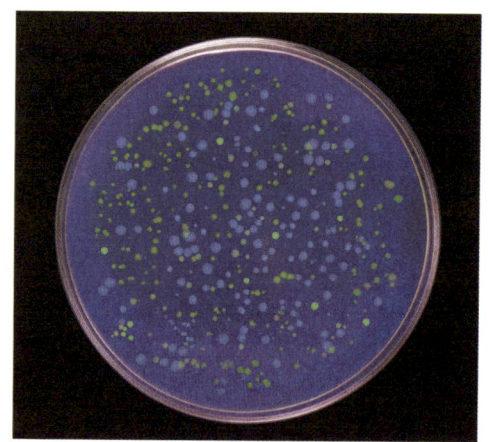

图六 《创世记》作品细节。《创世记》使用了两种不同的基因工程改造细菌，可以发出蓝光或黄光

图七 《创世记》作品之《加密石》细节

意义上的陌生人。而在地铁上的一根头发,经由现代生物技术的加持,使艺术家得以凝视这样一个陌生人的"脸庞",并获得所有信息。这既可以理解为一种来自同一空间的不同时间叠加相遇所造成的浪漫,亦可以视为一种毛骨悚然的隐私泄露之殇。艺术家做了一个看似平平无奇的展示,而反馈全由观众个体的审美感觉和伦理界限来给出,有人一笑置之、不以为然,或有人深受震撼、大叹末日将至,恰恰反映了人类对于技术的不同包容度。

三、生物艺术和"准自然"

生物学的讨论域远远大于基因,深究其与艺术的交集,我们便会遭遇"生物艺术"。二十世纪八九十年代甚至更早之前,一些艺术家已经逐渐开始在作品中使用生物技术,但其创作环境和

图八 爱德华多·卡茨作品《谜之自然史》(*Nature History of the Enigma*) 爱杜尼亚(Edunia)是一种仅在花的红色脉络中表达艺术家DNA的动植物融合体

六七十年代的计算机艺术一样,需要依靠一些科研机构的帮助。例如,艺术家乔·戴维斯(Joe Davis)的生物艺术创作始于九十年代,之后他加入乔治·邱奇(George Church)在哈佛的实验室担任"艺术家—科学家"一职。他在早期使用基因编码创作的作品,更像是一种观念艺术。

一般所认为的"生物艺术"定义,由卡茨于1997年在创作《时间胶囊》(*Time Capsule*)时提出。[1] 在2009年出版的《生命迹象》(*Signs of Life*)一书中,卡茨给出了详细的定义:"作为当代艺术的一种新方向,生物艺术操控生命的过程。"[2] 同时他也提到,相比其他艺术形式,"生物艺术不仅创造新的客体,更能创造新的主体。"[3] 而在2017年,他在《生物艺术宣言》中继续拓展了这一定义:"生物艺术操控、修饰或者创造生命及活性过程。"[4]

虽然"生物艺术"一词在1997年已经出现,但真正呈现出较大的国际影响,是从1999年和2000年的奥地利林茨电子艺术节(Ars Eletronica)所吸引的生物艺术社群开始。创立于1979年的林茨电子艺术节是对生物艺术运动形成至关重要的艺术机构。艺术节将"艺术""技术"和"社会"作为关键词,其四十余年的发展历程见证了全球科技艺术的成长。在整个二十世纪九十年代,艺术节更为关注数字革命,例如1995年的主题为"信息神话——欢迎来到互联世界"(Mythos Information——Welcome

---

[1] See Time Capsule, http://www.ekac.org/timcap.html (Accessed: May 1st, 2024).
[2] Eduardo Kac (ed.), *Signs of Life: Bio Art and Beyond*, MIT Press, 2007, p.18.
[3] Eduardo Kac (ed.), *Signs of Life: Bio Art and Beyond*, MIT Press, 2007, p.19.
[4] What Bio Art Is: A Manifesto, http://www.ekac.org/manifesto_whatbioartis.html (Accessed: May 1st, 2024).

图九 "准自然"海报

to the Wired World),而 1998 年则为"信息战争——重置万物"(InfoWar——The Reordering of Things)。① 而到了世纪之交最关键的两届——1999 年和 2000 年的主题却郑重地转交给了生物革命,似乎是为下一个世纪埋下伏笔。1999 年的主题为"生命科学"(LifeScience),而 2000 年的主题是"未来性——生殖力过剩时代的性"(Next Sex——Sex in the Age of its Procreative Superfluousness)则专注人类最为根本的繁衍活动以及技术对未来人类社会结构的根本改变。艺术节不仅组织了大量与生命科学主题相关的展览,还有思想上的撞击,论坛的讲者包括唐娜·哈拉韦(Donna Jeanne Haraway)、杰里米·里夫金(Jeremy Rifkin)和布鲁诺·拉图尔(Bruno Latour)等著名学者。②

笔者在 2019 年策划的"准自然——生物艺术,边界与实验室"(Quasi-Nature: BioArt, Borderline and Laboratory)是国内第一

---

① 详见"科技艺术四十年——从林茨到深圳"艺术展画册第三部分,2019 年 11 月 2 日—2020 年 2 月 16 日。

② Andreas Hirsch, *Creating the Future: A Brief History of Ars Electronica 1979–2019*, Hatje Cantz Verlag, 2019, p. 189.

激进的基因和隐藏的自然　　147

图十 "准自然"展览现场

个系统性地回溯和引介"生物艺术"这一概念的展览,第一部分所展示的若干具有代表性的作品,正是对于上文中提到的世纪之交之时,精彩纷呈的"生物艺术"爆发时代的回顾。爱德华多·卡茨、"细胞组织培养与艺术计划"(the Tissue Culture & Art Project, TC&A)和玛尔塔·德·梅内泽斯都在1999年和2000年的艺术节上集中亮相。他们三位不仅分别是活跃在艺术节的生物艺术家,亦是该领域重要的教育者。卡茨的《荧光绿兔》首次呈现于2000年的艺术节,此次展览对其从诞生到进入流行文化的全部闭环做了全景式展示,并且加入了中国观众对这件作品的反馈,这又构成了作品新的部分。而"细胞组织培养与艺术计划"所创作的《无受害者的皮革》出现于 2000 年，艺术家所提出的"半活体"（semi-living）一词，也着眼于在生物技术发展之后，呈现于有机体和无机物之间的灰色地段。玛尔塔·德·梅内泽斯的作品《自然？》首次出现在 1999 年的林茨电子艺术节上，艺术家创造了一种活的蝴蝶，它们的翅膀图案基于艺术目的改造。这些艺术干预未影响蝴蝶的基因，因此新图案不会遗传给后代。它们之前未在自然中存在过，之后也将迅速消失在自然中，不复再见。这件作品则经历了真正意义上的生与死。而在新的作品《真正的自然》中，玛尔塔使用了最新的基因编辑技术，再次挑战人们对于人工与天然界限的认知。

除介绍这些深入参加生物艺术运动的艺术家之外，展览还介绍了活跃在当下的亚洲年轻艺术家们的工作。卡茨和梅内泽斯可被视为初代生物艺术家的代表，这些艺术家崛起于二十世纪末，基本分布在欧美。他们在普遍信仰基督教等一神论的情况下，通过改造其他物种来满足一种具有普罗米修斯进路的新"创世记"心态。而来自亚洲的年轻艺术家则拥有更为丰富和多元的创作途径，他们普遍出生于二十世纪八十年代之后，处于泛东亚文化圈之中。他们所遭遇的新世纪生物学，已然褪去了一些技术狂热的幻想。艺术家们也不再执着于仅仅将生物技术视为激进的工具，而是在新一轮的技术迭代中后退一步，思考人与自然、人与自我、人与其他物种之间应当如何相处的普遍性问题，去重新审视"喜爱隐藏"的自然。

新加坡艺术家赵仁辉长期关注动物与自然的关系，并以艺术家的身份隐藏在"动物学家批判学会"（ICZ, the Institute of

Critical Zoologists)这一虚构的科学组织下。他所编纂的《世界动植物指南》(*A Guide to the Flora and Fauna of the World*)便是这样一本艺术家书,包含了 55 个人类如何介入其他物种的故事以及图像,或荒谬,或辛酸,或幽默,混淆着科学与艺术、真实与虚构的边界。第一个故事名为《世界金鱼皇后》(*World Goldfish Queen*),写的是一条金鱼皇后,她在 2012 年中国福州举行的世界金鱼大赛中,击败了其他 3000 多条来自全球各地的金鱼而胜出,大赛的评判标准为:品种、身形、泳姿、色泽以及综合印象。中国人从金代开始便对金鱼进行选择性育种,层层筛选至今。在人的

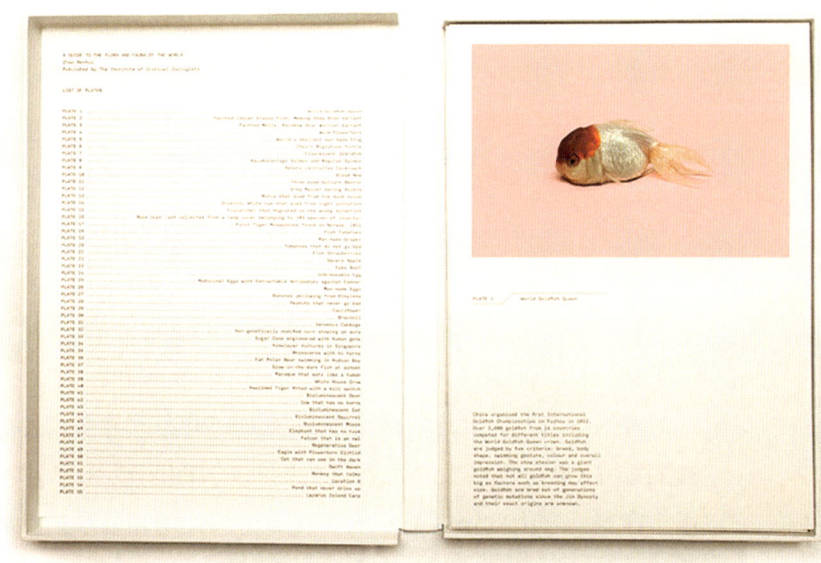

图十一 《世界动植物指南》

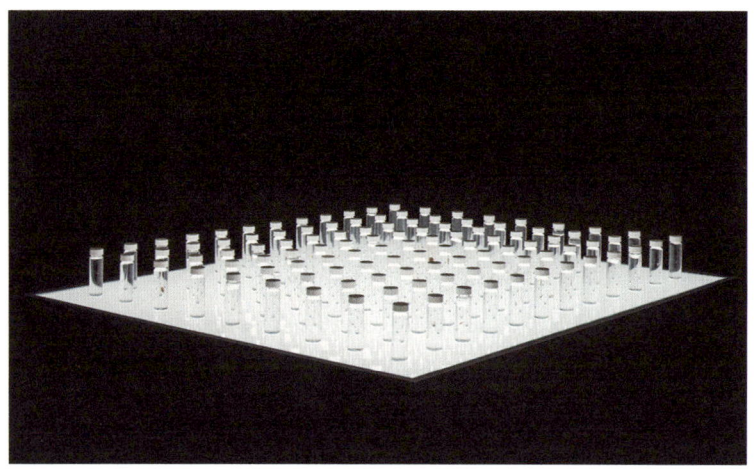

图十二　新加坡艺术家赵仁辉作品《昆虫之家》(在展览"准自然")

技术和审美加持下诞生的金鱼皇后,可谓是人与自然相处模式中一种极其人类中心主义却常态化的方式。而第52个故事则为《会说话的猴子》(*Monkey That Talks*),在图像中的这只猴子被取名为亚当,是第一只具有人类语言能力的长鼻猴。日本科学家成功地把人类的语言基因"foxp2"编入了这只猴子的基因序列,以期看到"语言"是否是在物种进化的途中,导致两个物种分道而行的关键因素。这只特殊的猴子成为猴中异类,而它的后代亦将延续这个实验,因此其背影尤显孤独。

展览中的另一位艺术家林沛莹,则通过作品重思了人与病毒的关系:病毒只是寄生并危害人类的一些DNA(或RNA)片段,还是在更为宏大的语境下和人类有更为深远的相处模式?林沛莹曾与荷兰伊拉斯谟大学医学中心的病毒学实验室合作,进行数月的密切讨论后,提出了几个关键主题:人类和自然(人类是自然的一部分,抑或,人类不属于自然);病毒的定位(病毒就像野生动物,我们需要学着去驯服它,抑或,病毒是我们的敌人,我们必须击败它);个人与人类整体(个人是人类的一分子,抑或,个人的独立性优于一切);抉择(选择权须基于人类整体,抑或,选择权以个人为优先);人类作为病毒的栖地(病毒经由人类复制繁衍,应被消灭,抑或,应该共存)。每个选择都关乎人类应该如何在地球上定位自己、在人群中定位自己,以及如何看待作为个人的自己的思考——谈论的或许是病毒,而映射的却是人类的内心。①

《病毒之爱》在"准自然"中展出的版本包含了林沛莹设想自己身处2068年时所撰写的一份食谱,艺术家在食谱开篇这样写道:

> 进入二十一世纪后,我们再次发现"细菌除了致病之外没有其他意义"这一论断的错误。取而代之的是,人类的讨论主要围绕益生菌和微生物群展开。自微生物学创立至人们对细菌的态度有所转变,大约经历了200年。自二十一世纪后期以来,世界发生了巨大的视角转变。世界将人类重新看成整个生态系统的一个部分。这亦促使人类以不同方式看待其他生物,这思维让人们探索病毒的不同用途。人类将病毒用于医学,如疫苗和基因治疗载体,这并不令人意外。然而,与病毒最初出现时相比,将其用于食物与娱乐是一个十分不同的转变,但支持非医学的病毒研究的科学基金还是相对较少。

---

① 收录于林沛莹作品《病毒驯兽师宣言》(*The Virus Tamers' Manifesto*)。

在艺术家通过食谱所描绘的未来场景中,2068年的人类已经通过透彻的科学研究"驯服"了二十一世纪初那些令人闻风丧胆的致死病毒,他们使用这些病毒——一如当今的人类使用微生物——来酿酒、制造奶酪甚至调养肠胃。作品还包含了一幅长卷,用古老的字典体记载了国际病毒分类委员会(ICTV)所制定的5000余种已知病毒的名称。病毒是不断变异的物种,而字典却是经典的象征。这种记叙方式与被记叙对象的反差,本身就拥有巨大的张力,颇似西西弗斯似的劳作,但却是当下的现实。

展览中的其他几位年轻艺术家同样对脑科学、现代昆虫学、微生物学等和艺术的交叉做了大量精彩尝试,共同呼应不断演进的自然与(生物)技术的交织关系,也是展览的标题"准自然"的意义所在——拉图尔对于准客体(quasi-object)的叙述,所引领的思潮意在打破主体与客体、社会与自然等诸多二元对立,出离人类中心主义,超越物种间的边界,并将人类置于与万物对等之位,而我们在面对如今的自然时,也需重置彼此的关系。人类如何在生物技术飞速发展的当下,找到与自然共处的新型方式:是重访古老的智慧,回归如庄子的"齐物",如斯宾诺莎在《伦理学》中提到的"人是自然的一部分"这样的一元论;或是出现新的建构——接纳与科技共同创造出的"新自然"?无论如何,在人类社会与自然之间边界终会消失,人与自然的新一轮融合,即是"准自然"。

笔者的展览开办于新冠肺炎疫情暴发之前,如今看来,这种叙述并非仅针对当下所发生的人与非人的关系,而是一个亘古存有的话题;只不过在人的权利凸显的当下,激进的分子生物技术如何与逐渐后退的自然相处,这是分子生命政治时代所要讨论的伦理问题,从更大的范围来讲,是一个哲学问题。来自东方和西方的艺术家的作品①,以他们各自的视角,为即将展开的讨论铺垫了基石。

四、朝向生命伦理

在其他学科中,伊西斯被揭开面纱后,一些秘密被泄露就需要人类付出相应的代价;而在生物学上,这种代价或许将更为严重。本文开头提及的 2020 年的诺贝尔化学奖授予对象 CRISPR/Cas9 基因编辑技术便是这样一个讨论对象。它的重要性毋庸置疑,未来必然对创造人类福祉有极大的贡献,其弊端也非常明显。面对这样的技术,我们应该采取什么样的态度?有一个很好的比喻就是"火",它既对人类的进化帮助巨大,但是引发的火灾也相当惨烈。但是我们不能因为火灾而取消人类使用火的资格,而是应该建立规训和制度,让这种技术更加合理地被应用。同时,也不应该将技术视为暧昧的恶魔,而是应当让更多的人参与讨论,了解其真正的技术背景、社会效应和伦理边界。艺术则非常擅长此道。当代生物艺术所涉及的伦理问题不仅包含传统意义上的动物保护问题,而是接纳了更多新的问题,例如基因、细胞组织层面的生物伦理。分子时代的生物伦理并非只是禁止杀害动物这样直接的问题,而指向了更加复杂的分子身份、生命政治、基因隐私等问题。

---

① 笔者在选择作品时,并不想造成一种刻意的中西二元对立,但是来自不同文化背景的艺术家在思考时的巨大差异是无法回避的,而不同代际的艺术家对于技术的思考也不尽相同。因此展览的第一、二单元仅仅是作为一种现有状态的展示,并且该状态是准自然这一主题下希望消解的对象之一。

生物伦理中比较经典的一个案例是《无受害者的皮革》(*Victimless Leather*)，这件作品在参加2008年纽约现代艺术博物馆（MoMA）的展览"设计与弹性思维"（Design and the Elastic Mind）时被《纽约时报》以《博物馆杀死了活体展品》[1]这一戏剧性标题报道，充分体现了艺术家、美术馆、观众和评论家各方对于生物艺术展品的不同理解。

艺术家奥伦·凯茨（Oron Catts）以及伊恩纳·祖儿（Ionat Zurr）一起创建的"细胞组织培养与艺术计划"，致力于探索如何将细胞组织工程（tissue engineering）作为一种艺术表达的新媒介。《无受害者的皮革》是在哈佛医学院的技术支持下完成的，艺术家通过组织培养的技术使动物细胞生长出一件微型皮夹克的形状，由此未来皮革的获取也许并不需要杀生。在此基础上，凯茨提出了"半活体"一词，他认为"项目所引发的伦理问题主要和'半活体'有关：我们是否需要照顾它们？是否涉及将活体生物客体化？'半活体'的存在使我们对固有的信仰系统、对生命及死亡的认识产生怀疑"[2]。

这件作品让我们认识到，在生物技术得到发展之后，有机体和无机物之间并非被绝对地切分，将出现介于两者之间的灰色地段。如果说人是一个活性的有机体，那么构成这一有机体的单元——细胞本身是否需要成为受伦理约束的单位？由一定数量

---

[1] See John Schwartz, Museum Kills Live Exhibit, https://www.nytimes.com/2008/05/13/science/13coat.html (Accessed May 1st", 2024).

[2] Oron Catts, Ionat Zurr, "Growing Semi-Living Sculptures: The Tissue Culture & Art Project", 35(4) *Leonardo* 366(2002).

图十三 《无受害者的皮革》
艺术家通过组织培养的技术使动物细胞生长出一件微型皮夹克的形状,由此,未来皮革的获取也许并不需要杀生

的细胞生长而成的组织,是否能够被认为是生命,抑或是不具有生命权利?由此,对于凯茨作品的讨论同时也进入了哲学及伦理层面。"半活体"预示着一种灰色地带,"非黑即白"不再成立,后人类语境下的"生命"概念可以被量化、分割、再组装。这都是细胞组织培养这项生物技术未成熟前,科学家、哲学家、人文学者并未去思考甚至不曾想到的话题。而在技术出现之后,这一切无可避免,凯茨也只是将这一尚未深入讨论的话题形象地暴露在大众目光之下而已。 从这个案例可以看出当时的美术馆有足够的前瞻性和理解力将作品纳入展览,但是需要更多的技术支持。艺术评论和观众则需要更多的背景支持去理解和接受作品。所幸的是,"细胞组织培养与艺术计划"进行了大量的写作来推动艺术专业人士和普通大众对于"细胞组织工程"和"半活体"的理解和讨论,并取得了非常好的反馈。

五、艺术与技术的闭环

卡茨对于生物艺术的定义固然开了先河并且产生了极大的影响力,却遮蔽了其他的可能性,因为生物艺术群体并不希望彼此高度相似。千禧年之交的生物技术革命发生的中心仍在西方世界,所以初代的生物艺术家也基本出现在欧美,而随着生物技术革命的全球化扩展,生物艺术开始浸润在更为多元的文化语境中。生物艺术作为一个开放和成长中的艺术流派,越来越多的作品开始出现,而如何看待生命本身、生物技术这些主题的视角也更为多元。因此生物艺术已经不再是仅以激进的姿态改造自我、改造身体的艺术流派,出现了许多新的朝向,从而指向了"泛生物艺术"(Pan Bio Art)。

首先是反还原论朝向。生命这一概念在初代生物艺术家中经常被简化为 DNA 序列、电脑中的人工生命,生命被视为某种机器,以便与信息理论产生更好的关联。但事实上,生命的丰富性大大超越基因的概念,生物信息学只是浩大的生命科学中的一角,生命无法被还原为编码的科学,而是"整体论"(Holism)的概念。

其次是反对唯技术论朝向。初代生物艺术家仅将生物学中的技术元素应用于艺术创作,而忽略了生物科学作为一门科学本身拥有丰富和深刻的本质观念和哲学关联,新一代的生物艺术家则拓宽了这种创作方式,更多的艺术家运用了生物学哲学等认识论层面的元素。同时,艺术家在创作和展示等环节更加重视生物伦理和生物安全的问题。

更为重要的是多元文化朝向。新一代的生物艺术突破了以欧美为中心的地域和文化范围,突破了 ·神论宗教视角下的"生命"概念,将东亚、南美、印度等更为丰富的生命和自然等概念融入艺术创作。

最后是一种主流和大众文化朝向。早期的生物艺术仅仅存在于一些科研机构以及前卫的艺术节,而随着生物技术的日常化和商业化,越来越多的艺术家将考虑把生物艺术作为创作方向。同时,商业化机构的科普化也是对生物艺术更为有利的因素。到了 2020 年左右,越来越多的主流艺术机构开始展陈生物艺术,例如法国蓬皮杜艺术中心的"制造生命"(La Fabrique du vivant, 2019),日本森美术馆的"未来与艺术:AI、机器人、城市、生命"(Future and the Arts: AI, Robotics, Cities, Life, 2019)等。越来越多的艺术家开始思考使用基因媒介作为创作手段。

　　文章的末尾,我们将回到诺贝尔化学奖章上的伊西斯女神。2008年,分享诺贝尔化学奖的是三位科学家——日本科学家下村修、美国科学家马丁·查尔菲和钱永健,得奖原因正是发现和改造了绿色荧光蛋白,也就是GFP。在致获奖词时,科学家选择将"荧光绿兔"阿尔巴的图像作为案例与大家分享,因为这大约是GFP最富于视觉冲击力和话题性的载体。有趣的是,有一次笔者和卡茨聊天时,他也提到在2008年的诺贝尔化学奖之后,大众突然对于GFP有了更多的了解,自此对于"荧光绿兔"批判多于支持的风向也逐渐转向。在这里,一个奇妙的闭环得以完成,阿尔巴因为技术而出现,经历了公众的舆论介入,成为媒体争相报道的对象,之后进入大众流行文化,最后成为这一技术最为知名的图像符号而回到了技术本身所处的科学共同体的语境中。科学、技术与艺术的关系,在这一个圆中,完成了相互消解、相互理解、最终相互成就的过程,从而成为一个最为复杂的沉淀,反映出来自人性、技术、社会等多种因素交织纠缠的过程,而关于自然和基因之间的故事也在继续书写。

图十四　维多利亚水母。荧光基因就是对这种水母进行基因测序获得并克隆出来的

艺术与基因编辑

——从艺术创作者的角度出发

〔葡〕玛尔塔·德·梅内泽斯（Marta de Menezes）
〔葡〕路易斯·格拉卡（Luís Graça）

路易斯·格拉卡

玛尔塔·德·梅内泽斯

玛尔塔·德·梅内泽斯（Marta de Menezes），葡萄牙艺术家、策展人，葡萄牙Ectopia（致力于促进艺术家和科学家之间合作的机构）和Cultivamos Cultura（致力于实验艺术的领先机构）艺术中心总监。她毕业于里斯本大学艺术系，后又获牛津大学硕士学位。自二十世纪九十年代末以来，在英国、澳大利亚、荷兰和葡萄牙从事艺术和生物学的交叉工作，探索生物科学为艺术中的视觉表现提供的概念和美学机会。

路易斯·格拉卡（Luís Graça），里斯本大学医学院免疫学副教授。2002年毕业于牛津大学获医学（免疫学）博士学位，后于牛津大学和西澳大学进行博士后研究。

艺术并非一成不变，因为艺术作品会随着社会的变迁而演进。如今的人们正在见证基因编辑一步步融入日常实践，因为这一技术可以塑造生命本身。鉴于此，艺术家们也开始以实际的操作或者隐喻的形式，将基因编辑融合到其艺术作品中。

基因编辑为质疑"身份"（identity）这一概念提供了前所未有的机会，这也是我们（玛尔塔·德·梅内泽斯和路易斯·格拉卡）的艺术作品和科学研究中反复出现的主题。基因位点的精确修改或修正提供了让我们对自己是什么、如何理解自我的局限性进行质疑的机会。可以说，身份是视觉艺术中最常见的主题之一，艺术史就可以从视觉艺术对自我认识的一系列表达中演绎出来：从史前人类对自我的勾画直至当代艺术作品对我们独特的个人身份所做的基因探索。也可以说，在如何理解自我以及我们的身份方面，生物学至关重要，并且它所提出的问题远多于答案。了解人类自身及其与所生活的世界的关系，这同样是令人关注的主题，因为我们有能力做出对个人和社会都有影响的明智选择。

我们的艺术—科学协作，伴随着生物学和生物技术的变化而演进。例如，作品《自然？》（*Nature?*，德·梅内泽斯，1999）在未使用基因编辑方法的情况下，改造了活体蝴蝶的翅膀图案。

图一 玛尔塔·德·梅内泽斯:《自然?》(1999年)。图中为翅膀图案经过改造的活体蝴蝶

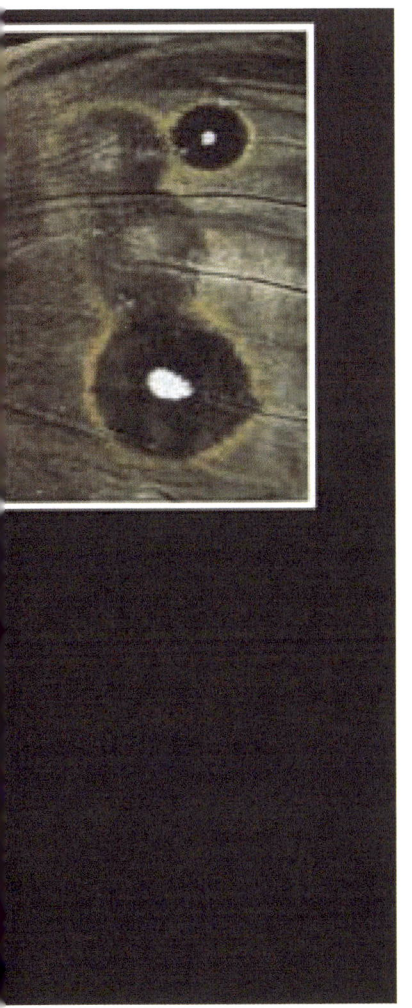

而《两者的永生》①（*Immortality for Two*, 2016）则在不依赖基因编辑技术的情况下，使用基因改造，实现了人类细胞的永生。最近，CRISPR/Cas9 的发展又催生了新的艺术项目，其中有的项目运用基因组编辑来纠正突变[《真正的天然》(*Truly Natural*, 2018—　)]，有的特意通过基因返祖来逆转进化[《论物种起源——后进化》(*The Origin of Species-Post-evolution*)]。这些艺术作品，包括在基因编辑技术出现之前就已创作的作品，都旨在打破人们在"自然"和"新自然"之间所设定的界限。作为示例，这些作品运用最为适当的媒介来质疑单个观念，从而诠释了艺术在挖掘概念或隐喻方面的无限性。有鉴于此，我们自身在理解身份的终极含义方面，受到了种种限制。

艺术的主题并非静态的，艺术家一直在通过自身实践来回应社会关切。从史前社会的洞穴岩画中，不难看出狩猎的重要性；从中世纪的作品中，我们可以看到彼时宗教和战争的突出意义；而文

---

① 该作品由德·梅内泽斯和格拉卡合作完成，其他未标注的作品均为德·梅内泽斯的作品。——编者注

艺复兴时期的艺术创作则表现了探索性思维的价值。我们欣赏十九、二十世纪的艺术作品时,也能看出影响我们社会的论题。时至今日,情况依然无异。对于人类社会,科学和技术从未产生如同今日这般关键性的影响——人们的日常活动无不依赖技术。如果有朝一日科技不再占据中心地位,这样的未来简直难以设想。因此,人们的种种希望和忧惧都与技术的发展密切相关——既希望享受其潜在的优势,又对技术的滥用恐惧不已。

生物学、生物技术和人工智能均属于当今社会中最具影响力的科学领域。

人类一直面临着寿命的有限性,以及寿命对我们实现目标的影响。二十世纪生物学的进步,如新开发的有效疫苗、抗生素和更好的医疗保健手段,使人类的寿命比祖辈延长了一倍。事实上,生物医学的进步为我们提供了活到两辈子的可能性,因为在一个世纪内,世界大部分地区人类的平均寿命都几乎翻了一番。虽然我们还不能实现塞萨里奥·维尔德(Cesário Verde)的愿望,即"如果我永生不死,就会永远追求和实现完美",但我们肯定有更多的时间来实现完美。①

如今,生物医学技术正在走向成熟,这使得一些在过去难以想象的事物成为可能。例如,基因工程的显著进步,使我们可以用到能够非常精确地改变生命有机体的基因编辑工具。几十年前,如果说人类有朝一日会改变生命本身,一定会被认为是天方夜谭,而现在这已成为现实。

---

① Cesário Verde, O Livro de Cesário Verde, Typographia Elzeveriana, 1887. 作者翻译自其葡萄牙语版本。

因此，艺术家自然也会通过将基因编辑（如 CRISPR/Cas9）等生物技术工具纳入其艺术实践中，来对这种改变或塑造生命的能力作出回应。① 艺术家们对技术的运用起初主要是以隐喻的形式，但随着使用生物技术、利用活体材料作为新媒介的艺术作品的出现，艺术家们也真正开始使用这些技术。②

一、身份

基因编辑为人们对身份的质疑提供了一个绝佳的机会。"身份"一直是我们的艺术实践和科学研究的兴趣点之一。在包括艺术和免疫学在内的许多不同学科中，身份历来是一个反复出现的主题。

人们常常想知道我们是谁？生命的目的又是什么？为什么我们与地球上的其他生命形式如此不同，却又如此相似？来自史前时代的一些已知最早的艺术品，表明自我认同以及人类在宇宙中的地位，自有记录的历史开始以来始终是重大的主题。跨越不同的地域和时代来追溯人类历程，我们始终都能找到对于自我的描刻，从而发现人类在不同社会中感知自己身份的方式。从早期的视觉再现到当代人运用遗传学和生物学理论，人们通过不断使用不同的材料和方法来尝试表现自我，这些也为艺术家定义"身份"的背景情况提供了丰富的信息。

---

① See Marta de Menezes, "The Laboratory as an Art Studio", in Oron Catts (ed.), *The Aesthetics of Care?*, Symbiotica, Perth, 2002; Marta de Menezes, "Life as a New Art Media", in Eduardo Kac (ed.), *Signs of Life: Bio Art and Beyond*, MIT Press, 2008.

② See Marta de Menezes, "Stasis and Movement", in Amanda Boetzkes, David Cecchetto (eds.), *Naturally Postnatural—Catalyst: Jennifer Willet*, Catalyst Book Series, Noxious Sector Press, 2017.

与此同时，在已经成为一个生物医学学科的免疫学中，自我和非自我（non-self）之间的区别仍然是一个核心问题。免疫学的一项重要内容，是了解免疫系统将身体的正常成分与病毒或细菌等身体之外来物质加以区别的能力。免疫系统要产生效果，就需要对这些外来物质做出攻击性反应，防止感染，但不对身体本身的细胞和组织产生排斥。然而，即使是这种区别也并非绝对，对于一些非自身的、无害的化合物，免疫系统产生的攻击性反应也会导致疾病。这就是在过敏性疾病中发生的情况，免疫系统对无害的蛋白质，即对过敏原产生了不适当的反应。在某些疾病中，免疫系统无法正确区分自身和外来的物质，就可能导致自身组织受损。这就是自身免疫病的基础，如多发性硬化症、1型糖尿病或类风湿性关节炎。

二、艺术—科学协作

我们两人之间所进行的艺术—科学协作，涉及利用免疫学来探索我们各自和彼此身份的局限性。由于"身份"是一个横跨艺术和科学的话题，因此我们之间的协作自然而然地被引向了免疫学领域。[①]

我们在《两者的永生》和《抗玛尔塔》[②]（*Anti-Marta*）中探讨了

[①] See Marta de Menezes, Luís Graça, "n Degrees: Subst. Degree", in Laura Beloff (ed.), *Field_Notes-From Landscape to Laboratory-Maisemasta Laboratorioon*, Erich Berger and Terike Haapoja, Finnish Society of Bioart, 2012.

[②] 此作品名称源于"抗体"（antibody）一词，而Marta为艺术家名，故译为《抗玛尔塔》。——编者注

与免疫系统区分自我和非自我密切相关的不同方面。① 与此同时，我们还合作开展了一些利用基因编辑工具改造活体生物的项目，旨在使活体生物更接近野生状态(体现于《论物种起源——后进化》中)，或者让生物体更加自然化(体现于《真正的自然》中)。这些项目共同强调了天然和人工之间的界限，这也是在玛尔塔自创作《自然？》以来的实践中反复出现的主题。②

三、《两者的永生》

我们起初创作《两者的永生》这件作品，是为了探索"永生"(Immortality)这个词的含义，以及表现人类对永生的渴望。在阅读《永生的海拉》(*The Immortal Life of Henrietta Lacks*)这类书籍时，读者如果熟悉艺术史和古典哲学，又爱好科幻和幻想小说，就会不可避免地思考人类普遍存在的延长寿命、永葆青春以及让自己的某些东西(如身份)永存不灭的愿望。话虽如此，在上述学科/实践领域中，人们对"永

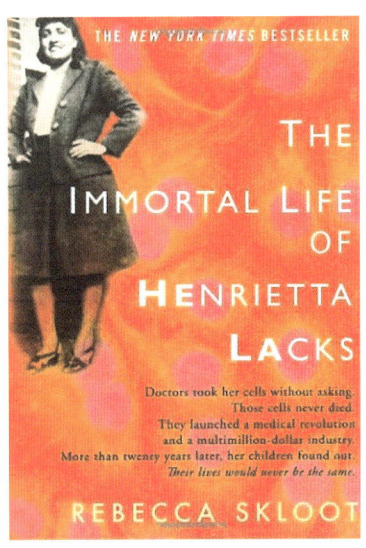

图二 《永生的海拉》封面

---

① See Marta de Menezes, Luís Graça, "I'am-Immortality's Anti-Marta", in Erich Berger, Kasperi Maki-Reinikka, Kira O'Reilly & Helena Sederholm (eds.), *Art as We Don't Know It*, Aalto ARTS Books, 2020.

② See Marta de Menezes, "The Artificial-Natural: Manipulating Butterfly Wing Patterns for Artistic Purposes", in *Leonardo-Journal of the International Society for the Arts, Sciences and Technology*, MIT Press, 2003, Vol. 36: 29–32.

生"一词的提法和使用,也总是存在一些细微而重大的差异,而《两者的永生》所发出的疑问,也正是根植于永生的含义发生了看似轻微、但实则意义重大的变化的领域。

永生意味着什么？永生到底是我们追求的愿望,还是一个比人类的预期寿命更宽泛的概念？追求永生这一愿望,其实践、道德和根本性的后果是什么？

艺术如同小说和哲学,可以被视为思想实验。甚至在有些时候,科学也是如此。我们自己的工作就是一种思维练习,它超越了对物质现实的思考,使我们能够对预期寿命和老龄化研究等知识领域所提出的种种问题,获得更为强烈和深入的认识。

长生不老意味着什么？什么人会长生不老,最重要的是,长生不老之后,我们会变成什么样？永生将如何改变我们、改变社会？

在《两者的永生》中,我们探讨了艺术史上反复出现的两个主题:爱与永生。在从艺术家玛尔塔和免疫学家路易斯的血液中分离的免疫细胞中,我们合作创建了两个永生的细胞系。这两个免疫细胞系是通过癌基因的病毒转导获得的,癌基因使细胞失去调节其增殖的能力。其结果是,永生的细胞会无限增殖,而正常细胞在经过一定次数的细胞分裂后则会停止增殖。这种无法调节增殖的能力是癌细胞的一个特征(因此被称为"癌基因")。永生与不生病是相互关联的,而这次却是通过将健康细胞转化为最令人恐惧的致病因素之一——癌细胞——来实现永生,因而构成了一个悖论。在该作品中,永生细胞虽然来自玛尔塔和路易斯这一对相爱的人,但它们却不能在一起。作为免疫细胞,它们在接触时会引发排斥反应。因此,实现永生是有代价的,即永久隔离的代价。

所以，这个作品的展示方式是将两个细胞系分别放在一张长桌子两端的组织培养瓶中生长（图三）。作品能够利用永生细胞系的活性，将支持细胞存活和对活细胞进行显微成像所需的所有技术设备隐藏在桌子下方。如此一来，该艺术品的主旨——孤立生长的永生细胞系——就不会受到技术设备的干扰。

图三　玛尔塔·德·梅内泽斯、路易斯·格拉卡作品《两者的永生》(2016年)。图中为活体永生细胞系的培养装置

分别生长在两个瓶内的活细胞,其图像被实时投影到长桌上,长桌即是屏幕。在靠近桌子中间的位置,两个投影会发生部分重叠。这样的展示方式旨在强调两个永生细胞系的永久隔离,因为这个爱情故事中的细胞只能在两个投影发生重叠的虚拟空间中结合在一起。

四、《抗玛尔塔》

《抗玛尔塔》再次成为两位爱人之间的契约,但每个人在伴侣关系中都保留了自己的身份。我们重现了在二十世纪六十年代末至七十年代初进行的一个经典免疫学实验。遗传差异是移植手术产生排斥反应的主要驱动力,该实验为认识遗传差异奠定了基础。这些研究由乔恩·范·鲁德(Jon van Rood)在荷兰莱顿展开。实验中,科学家对志愿者前臂上的小块皮肤进行移植,并且对其后产生的反应进行了研究。

在《抗玛尔塔》中,玛尔塔和路易斯之间进行了一次小型皮肤移植,同时进行了一项自体移植,即从同一个人身上移植一块类似的皮肤(图四)。在实验进行之前就可以料想,这些移植的结果就是在7~10天后出现排斥反应,事实也的确如此。这表明即使历经长期的伴侣关系,其各自的个性和身份依然存在。此外,该操作的另一个结果是使每一方都产生了对来自对方细胞的免疫反应。每一方都会通过这类免疫反应产生抗体,而这些抗体将在我们的一生中持续循环。这些抗体将成为对另一方的分子记忆。通过这一过程产生的"第七感"将永远记住另一方的分子组成。

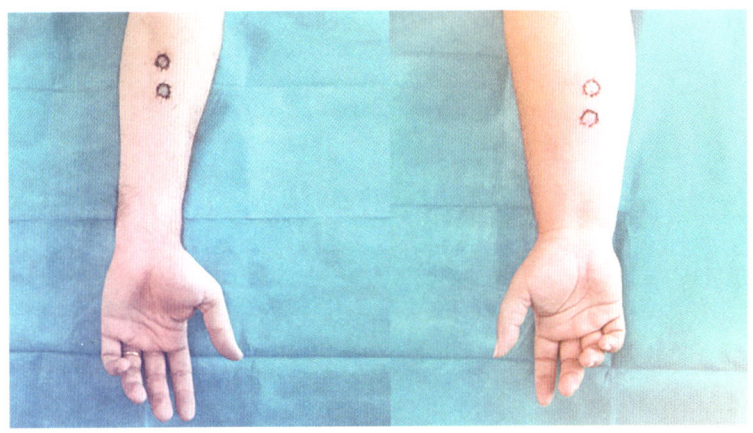

图四　玛尔塔·德·梅内泽斯、路易斯·格拉卡作品《抗玛尔塔》(2018 年)。两位作者进行皮肤移植的照片

在《抗玛尔塔》中,我们继续追问"什么是自我"。作为伴侣、作为父母、作为爱人,我们到底是什么?我从哪里开始,又在哪里结束?我们什么时候成为"我们",什么时候确定或应当确定我们的个体性?通过对彼此的皮肤产生尖锐而真实的生物排斥,我们认识并体验到,人的免疫系统最擅长区分自我和非自我。甚至作为人类的我们在生命的早期具有自我认知概念之前,我们的免疫系统就已经"知道"如何区分什么是"我"、什么不是"我"。对于我们的身份、我们的个体性,对于不仅仅是一个单元的"我们",免疫系统会作何说明?

此外,在我们体内拥有伴侣的分子记忆又意味着什么?这种选择不仅仅只是一种选择,而通过排斥、通过对个体性的肯定使我们达成了一项承诺,而它将成为我们余生的一部分。我们开放自我,通过自己身体对他人的存在所产生的反应,来改变自己,这或许可以让我们理解身份是什么,即通过对自我的肯定来改变自我。

五、《真正的天然》

我们采用基因组编辑技术的另一件艺术品名叫《真正的天然》。在《真正的天然》中,我们的关注焦点是可能导致疾病的自发突变。在某些情况下,突变可能导致免疫系统疾病。在极少数情况下,人类或小鼠会产生一种名为"FOXN1"的基因突变,由于胸腺无法支持 T 淋巴细胞的发育,该突变会导致严重的联合免疫缺陷。除了免疫缺陷外,FOXN1 突变还会导致全身毛发的完全缺失。这种极端的表型是携带该基因缺陷的人类和小鼠共有的表型,因此人们将缺乏功能性 FOXN1 的小鼠品系命名为"裸鼠"。使用 CRISPR/Cas9 技术,有可能纠正导致该疾病的 FOXN1 突变。本作品即从视觉上表现了通过对裸鼠 FOXN1 基因的修正,从而修正了毛发缺失和免疫缺陷。原始未经操作的突变株患有疾病且没有毛发,而运用基因编辑技术之后的动物基因组正常、无疾病且外观正常。本作品的结果就突出反映了这二者之间的矛盾:虽然小鼠经历了大幅度基因干预的基因组编辑,最终却出现了"天然"结果(生物学上称之为"野生型"),这或许违背直觉、令人意外。本作品中这个动物作为基因组编辑的产物,经过了遗传修饰,但与正常小鼠并无差异(图五)。

图五　玛尔塔·德·梅内泽斯、路易斯·格拉卡作品《真正的天然》(2018年)
(在展览"准自然")

《真正的天然》同时也是这样一件艺术品:它特意提出人们在伦理和科学上的多层次、复杂化的种种决定,而相较于通过一般方式对活生物体进行的基因操作以及通过非常特定的方式对人类进行的基因操作,这些决定与基因操作相伴相随。这个作品会引导公众思考能和不能做什么,应该和不应该做什么,每种决策方式的潜在后果又是什么。最重要的是,我们做出每种决定的理由是什么?而这些思考会呈现出相互冲突的走向。

我们以《真正的天然》为主题,并结合《自然?》来思考《真正的天然》。这两部作品都是一种尝试,旨在探索和理解我们将"自然"概念化的局限性。如何使用"自然"这个词,从根本上取决于

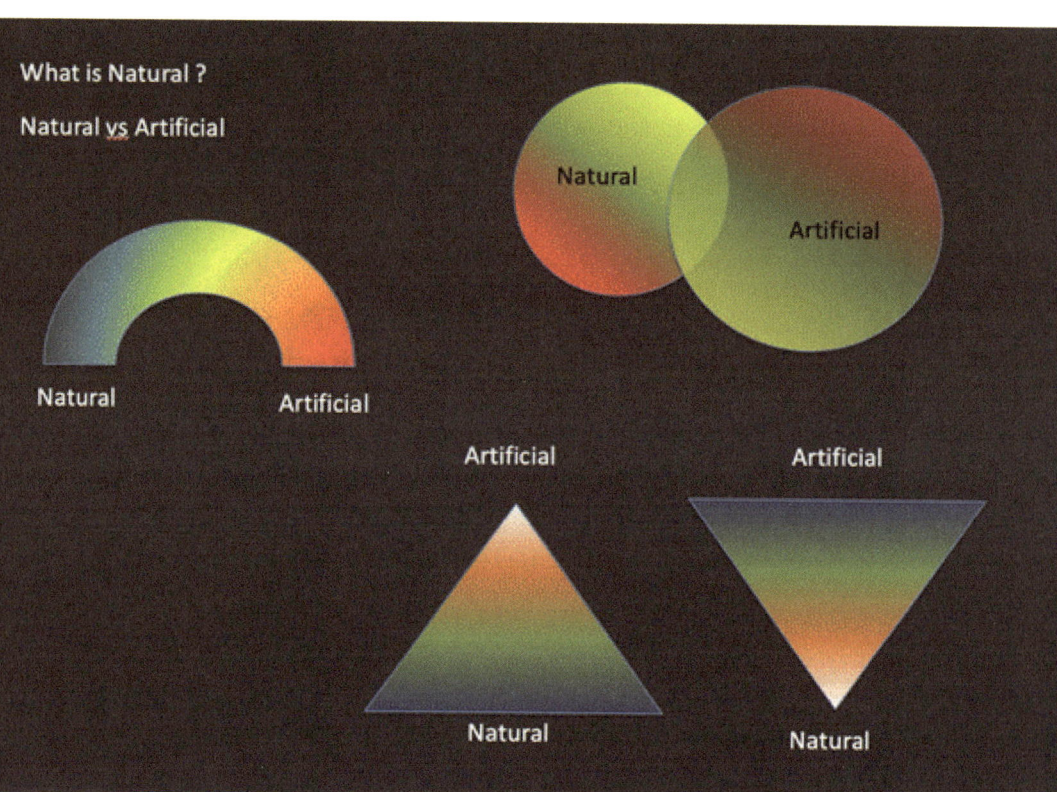

图六 自然与人工的关系（图中文字：什么是自然的？自然 vs 人工）

我们判断自然或非自然的标准。由于语言——尤其是西方语言，基于二分法和反义性，具有极高的结构性，我们似乎无法逃避词语这种对含义进行的有限度的简化，而这种简化往往会困住我们。那么，什么可以被视为自然的反面呢？它必须由我们视为自然的东西来决定。也许我们可以把任何非天然的东西都看作是人工的，但"人工"一词通常是用来描述人造的东西（无论是天然材料还是人造材料）。此外，任何人工合成的东西都可以被认为是与自然相反。这类定义非常具有局限性，语言的使用也是如此。虽然描述和解释语词的用法及其所指代的含义是有用的，但在我看来，承认这些语词在表达概念时的局限性也是非常重要的，因为这些概念往往远比我们用于指代概念本身的词语更为广义和复杂。

正是由于这种种在语词和含义上的限制、由于这两个作品（《真正的天然》和《自然？》）在某种特定方式上的联系，二者虽然都与对自然概念的探索相关，但它们在提出什么是自然的问题表述时，却立足于截然不同的视角。这或许有助于对人们看待和思考自然及其对立面（此处即指人工）的各类范畴，以视觉呈现的方式加以考察。更重要的是，这使我们能够将此类概念扩展到不同空间中，它们既可能在我们所谓的自然之上，或在其之下，或者在上下之间，也可能超脱于自然之外，甚至均与此相反。

在天然和人工这两个概念之间，是否存在一系列的可能性？能否把它们看作是金字塔型结构之间的交替转换？其中，金字塔的基础是广袤的天然，而我们从中生产出的内容是人工的产品；或者与之相反，不断膨胀的人工产品却是建立在一个不断被侵蚀的自然的脆弱而微小的尖端之上。

从另一个角度来看，这些概念有时几乎没有交集，有时却大面积交叠，有时甚至完全重叠在一起。然而，我们会选择以这种方式看待这些概念，即不管我们赋予其何种含义，这些概念本质上都彼此联系、不可分割。

六、《论物种起源——后进化》

另一个讨论类似问题的作品名为《论物种起源——后进化》。这件艺术品旨在挑战自然与新自然之间的界限。其中,艺术家故意试图通过基因组编辑来逆转进化。其实现手段是将关键基因逆变为通过系统发育分析鉴定出的祖先基因。从某种意义上说,这个项目可以被看作一次时间旅行,使我们可以回到过去,创造一个早已消失的有机体。但事实上,这导致该物种系统发育树出现了一个新分支——一种从未存在过的生物体。我们可以通过识别该物种的现代变种所获得的基因来重构已经消失的基因组,从而产生当前的物种。其中,再野生化(rewilding)的问题仍然存在,而焦点则回到了提高生命固有诸多层次的复杂性上。我们是什么?是什么决定了生命、物种、生物体成为其自身?难道身份不是通过进化的力量在不断演变和转化吗?进化与变化一样,都是维系生命的原因(见图七)。

在"论物种起源"项目中,进化是由人类选择决定的,即随着作物的逐渐改良,人们可能会认为,随着人类走向野生化,这种人工干预可以让我们获得更为自然的祖先特性。[1]

在这种情况下,复杂的基因组编辑过程却能够产生一个更加自然的物种,这无疑又是一个悖论。由于基因组编辑的产物是缺少人类诱导基因的生物体,因此识别何者更为天然、何者更为人工,就会成为一个难题。

---

[1] See William Cronon (ed.), *Uncommon Ground: Rethinking the Human Place in Nature*, W. W. Norton & Company, 1995, pp. 69–90.

图七 玛尔塔·德·梅内泽斯、玛丽亚·安东妮亚·冈萨雷斯·瓦莱里奥（Maria Antonia Gonzalez Valerio）和路易斯·泰西拉（Luis Teixeira）作品《论物种起源——后进化/沃尔巴克氏体—果蝇》(2018年)，图片：达米尔·齐齐克

进化永无休止。我们眼中的前沿技术将会证明，进化的利刃在逐渐钝化。超乎想象的新技术仍会出现，我们的身份也会改变。因此，我们应该随时对我们的身份进行评估。无论作为艺术家还是科学家，都是如此。

The Paradoxes of
Gene Editing in Technology,
Philosophy, and Art